如何养好一只猫

家ねこ大全285

[日]藤井康一 著　白白 译

現役獣医師が猫の
ホンネから不調の
原因までを解説！

前 言

随着相处时间的增多,主人对猫咪的了解也会逐渐增加,但对猫还是有很多的疑惑。
"现在的叫声有什么意义?"
"为什么总是要剩下一些猫粮?"
很喜欢猫,想了解更多有关猫的事,甚至是全部的事!
本书正是为这样喜欢猫的人们准备的。

近年来,猫的寿命和人类一样逐渐变长,"想要猫一直健康地生活"是主人共同的心愿。
在问诊的过程中,我也看到不少主人因没有及时发现爱猫的身体不适而感到难过。
希望本书能够帮助大家避免这类情况的发生,特别是有关猫的不适和疾病的部分,那是我从事兽医30年来的经验集大成。

猫的性格各异,猫出现的不适症状也是由各种原因导致的,无法仅凭某种症状确诊其所患的疾病。

即便如此,如果主人能够粗略判断爱猫不适的原因,就能稍稍放下不安的情绪。

如果这本书能够帮助大家更好地和爱猫沟通、缓解不安的情绪,我将无比荣幸。

藤井动物医院院长
藤井康一

第 1 章　想要更了解猫的情绪

1 猫为什么会一直舔毛？	18
2 舔舐是爱的信号？	19
3 傲娇猫不知何时开始变得亲人？	20
4 为什么猫会突然跳到腿上？	21
5 为什么猫会在这样的地方磨爪子？	22
6 为什么猫会需要磨爪子？	23
7 为什么猫会在纸箱中呢？	24
8 为什么猫喜欢待在很高的地方？	26
9 为什么猫爬上高处会无法下来？	27
10 为什么领地对猫如此重要？	28
11 家猫也有领地吗？	29
12 猫能听懂人类的语言吗？	30
13 猫喜欢男性还是女性？	31
14 为什么猫被训斥也不会反省？	32
15 在家能够训练猫吗？	33
16 为什么猫会在主人做事的时候一直阻挠？	34
17 过度遵从猫的意愿是否合适？	35
18 为什么猫明明玩得很开心，却突然厌烦了？	36
19 如何与猫更好地玩耍？	37
20 为什么猫被抱着的时候很顺从，却突然咬人？	38
21 猫"踩奶"是想要传达什么信息？	39
22 为什么不可以抚摸猫的尾巴？	40
23 猫的尾巴有什么作用？	41
24 猫的叫声有什么含义？	42
25 为什么野猫很少发出叫声？	43
26 猫露出肚皮是想获得宠爱的信号？	44
27 在玄关处等待是欢迎主人回来吗？	45
28 猫不停地蹭我是因为非常喜欢我吗？	46
29 如果"出轨"，会被猫发现吗？	47
30 为什么猫会在深夜玩耍？	48
31 为什么我家的猫晚上会乖乖睡觉？	49

32 猫是在点头吗？	50
33 猫为什么会对没吃完的食物做出掩埋的动作？	51
34 猫为什么会用下跪般的姿势睡觉？	52
35 猫为什么会前腿向内侧蜷曲而卧？	53
36 猫会感到寂寞吗？	54
37 猫不擅长应对环境的变化吗？	55
38 猫坐在我的脸上，是把我当成奴仆吗？	56
39 人类的宝宝对猫来说意味着什么？	57
40 为什么猫闻到鞋子里的气味会做出"很臭"的表情？	58
41 有容易被猫讨厌的人吗？	59
42 为什么猫经常无视我，但是想吃饭时却会靠近？	61
43 为什么猫会一直盯着我？	62
44 为什么猫会扑向毛绒玩具？	63
45 猫是否有可能忘记主人的样貌？	64
46 为什么猫不和我一起睡觉？	65
47 为什么猫会轻咬我？	66
48 如何才能让猫停止轻咬行为？	67
49 真的被咬了！只消毒伤口就够了吗？	68
50 为什么猫会想将脚爪放入口中？	69
51 为什么想要抱抱它，却被讨厌了？	70
52 为什么猫会从外面带回猎物？	71
53 猫很兴奋怎么办？	72

我以为我已经表现得很明显了……

第 2 章　食物、水、厕所非常重要

54 可以不加限制地给猫喂食吗？		76
55 猫粮的种类过多，应该如何选择？		77
56 幼猫猫粮和成长期猫粮有何不同？		78
57 选择猫粮时有哪些注意事项？		79
58 每餐的猫粮分量有标准吗？		80
59 食物分量必须要严格称量吗？		81
60 干猫粮和湿猫粮有何不同？		82
61 干猫粮和湿猫粮哪种更好？		83
62 猫喜欢什么味道？		84
63 猫何时会明确对食物的喜好？		85
64 猫经常吃相同的食物会感到厌倦吗？		86
65 如何正确地保存猫粮？		87
66 猫为什么最近食欲不振？		88
67 改善猫食欲不振的方法是？		89
68 每天该喂猫多少零食？		90
69 如果只给猫喂零食会怎么样？		91
70 应该在固定的时间给猫喂零食吗？		92
71 猫粮可以自制吗？		93
72 自制猫粮的注意事项有哪些？		94
73 对猫有害的食物有哪些？		95
74 猫对牙膏很感兴趣怎么办？		96
75 为什么猫会如此喜欢猫草？		97

76 真的有猫在治疗疾病时吃的食物吗？	98
77 猫食盆应该如何选择？	99
78 为什么猫不喜欢喝水？	100
79 猫一天的饮水量应该是多少？	101
80 给猫喂水时的注意事项有哪些？	102
81 为什么猫喜欢喝水龙头流出的水？	103
82 猫的饮水处应该设在哪里？	105
83 为什么猫最近不太喝水？	106
84 猫喝了很多水，应该可以放心了吧？	107
85 如何教会猫使用猫厕所？	108
86 猫每天有几次小便和大便才是正常的？	109
87 理想的猫厕所什么样？	110
88 应该放入多少量的猫砂？	111
89 猫不上厕所怎么办？	112
90 高龄猫不去厕所是什么原因？	113
91 为什么猫尿会有很强烈的气味？	114
92 与狗相比，猫的粪便更硬吗？	115
93 猫的肛门腺会堵塞吗？	116
94 如何清理猫的肛门腺？	117

第 3 章　因过于可爱而让人在意的猫的习性

95 为什么单是抚摸猫咪就会感到治愈？　　　　　　　　120
96 家人间的争吵是否对猫不利？　　　　　　　　　　　121
97 为什么会有的猫亲人，有的猫不亲人？　　　　　　　122
98 绝育后的公猫们会和睦相处是真的吗？　　　　　　　123
99 一同生活的猫之间存在尊卑吗？　　　　　　　　　　125
100 花纹不同的猫性格也会不同吗？　　　　　　　　　　126
101 捏住后颈处，猫就会变乖吗？　　　　　　　　　　　127
102 猫脸上为什么会带疤？　　　　　　　　　　　　　　128
103 为什么猫不喜欢洗澡？　　　　　　　　　　　　　　130
104 长长的胡须会妨碍猫的行动吗？　　　　　　　　　　131
105 猫为什么会发出呼噜声？　　　　　　　　　　　　　132
106 猫会记仇吗？　　　　　　　　　　　　　　　　　　133
107 养猫家庭的孩子较不容易生病？　　　　　　　　　　134
108 养猫有益心理健康？　　　　　　　　　　　　　　　135
109 上了年纪也能养猫吗？　　　　　　　　　　　　　　136

这是天生的，并没有任何特别。

第4章　想要和猫一起生活

虽然很冷淡，但是很喜欢主人～

110 应该从何处接猫回家？		140
111 日本有哪些猫的救助活动？		141
112 60岁后想养猫，应该怎么办？		142
113 万一主人发生不测，猫怎么办？		143
114 是否有方法能够预测幼猫会长到多大？		144
115 有永远不会亲人的猫吗？		145
116 养两只以上的猫要注意什么？		146
117 如何让旧猫和新猫友好相处？		147
118 同时养两只猫很辛苦吗？		148
119 猫需要室友吗？		149
120 猫接种疫苗的相关事项有哪些？		150
121 猫应该何时接种疫苗？		151
122 疫苗对猫有副作用吗？		152
123 猫的绝育手术有哪些注意事项？		154
124 猫应该何时进行绝育手术？		155
125 绝育后，猫的性格会有变化吗？		156

第5章　猫咪也想轻松生活

126 猫喜欢被抚摸哪些部位？	160
127 如何给猫按摩？	161
128 无法顺利给猫剪指甲怎么办？	162
129 给猫剪指甲时有什么注意事项？	163
130 有必要给猫刷牙吗？	164
131 如何检查猫的口腔状况？	165
132 猫不喜欢刷牙怎么办？	166
133 为什么猫左侧和右侧的牙结石分布位置不同？	168
134 应该去宠物医院去除牙结石吗？	169
135 猫应该洗澡吗？	170
136 有什么能够让猫顺利洗澡的方法吗？	171
137 除洗澡外，还有什么清洁猫咪身体的方法？	172
138 冬天不忍心给猫洗澡怎么办？	174
139 容易忽视的猫咪护理细节有哪些？	175
140 如何打造让猫感到舒适的房间？	176
141 猫会注意室内装饰的变化吗？	178
142 客人多时有什么注意事项？	179
143 猫为什么会长时间看电视？	181
144 猫是否会中暑？	182
145 使用制冷剂预防猫中暑很危险吗？	183
146 为什么猫会出现脱水症状？	184
147 猫不喜欢空调是真的吗？	185
148 有人体感应功能的空调对猫来说很危险吗？	186
149 猫需要防晒吗？	187
150 如何帮猫度过冬天？	188
151 冬季只开空调猫会感到冷吗？	189
152 沙漠"出生"的猫也会不适应空气干燥？	190
153 梅雨天气会让猫感到不适吗？	191
154 猫看起来身体不适，是否应该观察一段时间再作打算？	192
155 天气恶劣时，猫感到害怕该怎么办？	193
156 猫会抓蟑螂玩耍吗？	194
157 猫是否有可能误食驱虫剂？	195

158 猫容易误食的物品有哪些?	196
159 家中有哪些对猫有害的物品?	197
160 猫为什么喜欢舔砂子和土?	198
161 猫为什么异常喜欢毛衣?	199
162 人类的药物对猫来说有毒吗?	200
163 猫会舔洗涤剂吗?	201
164 是否应该让猫远离植物?	202
165 除木天蓼外,猫有喜欢的植物吗?	203
166 猫是否不喜欢柑橘类的味道?	204
167 精油对猫有害吗?	205
168 何时开始进行体外驱虫比较好?	206
169 推荐哪种类型的驱虫药?	207
170 饲养在室内的猫有必要做体外驱虫吗?	208
171 在做体外驱虫时,有哪些注意事项?	209
172 猫是否会感染丝虫?	210
173 猫是否会将疾病传染给人类?	211
174 猫经常睡觉有事吗?	212
175 猫的心跳意外地快怎么办?	213
176 猫应该散步吗?	214
177 带猫散步时应该注意些什么?	215
178 散步后只给猫清洗足部就可以了吗?	216
179 猫会晕车吗?	217
180 在室内饲养的猫也需要猫包吗?	218
181 猫不愿进入猫包怎么办?	219
182 应该训练猫学会哪些技能?	220
183 猫想进入"禁地"怎么办?	221
184 遭遇灾害时,主人应该做些什么?	222
185 出现未知的病毒时该怎么办?	223
186 为什么会对猫过敏?	224
187 对猫过敏的人也能养猫吗?	225
188 寄养猫咪时有哪些注意事项?	226
189 猫总是想外出,应该怎么办?	227
190 猫走失了怎么办?	228
191 找猫有哪些诀窍?	229
192 是否应该给猫植入芯片?	230
193 植入芯片后就能找到猫吗?	231

因为一直在家中,所以想要更舒适。

第6章 发现猫身体不适的信号

194 为什么很难发现猫身体不适？	234
195 为什么最近猫毛变得很杂乱？	237
196 抚摸的时候发现猫身体有结节怎么办？	238
197 触碰结节时,猫没有痛感,是否无须担心？	239
198 在宠物医院会进行怎样的治疗？	240
199 猫睡觉时会打呼噜,无须担心吧？	241
200 猫咪会流眼泪吗？	242
201 可以给猫使用人类的眼药水吗？	243
202 猫的眼角发黑怎么办？	244
203 主人能够自行检查猫的眼部健康吗？	245
204 如何判断猫咪的视力是否正常？	247
205 猫能看到多远？	248
206 猫的眼角处出现白膜正常？	249
207 猫的鼻头干燥,是生病了吗？	250
208 猫打喷嚏正常吗？	251
209 猫流口水是生病了吗？	252
210 如何判断猫是否患有口炎？	253
211 发现被猫舔过的地方有臭味怎么办？	254
212 主人能做的口炎护理有哪些？	255
213 猫会换牙吗？	256
214 对猫来说,犬牙很重要吗？	257
215 治疗牙周炎可以不拔牙吗？	258
216 猫的牙齿为什么会发黄？	259
217 猫经常挠耳下的部位正常吗？	260
218 猫需要做耳部清洁吗？	261
219 猫张开嘴喘气是生病了吗？	262
220 冬天猫打喷嚏、咳嗽时怎么办？	263
221 开春后猫经常打喷嚏,是花粉症吗？	264
222 猫会食物过敏吗？	265
223 猫为什么不再爬上猫爬架了？	266
224 应该帮助猫爬上猫爬架吗？	267

225 猫走路时一只脚不着地是怎么回事？	268
226 猫鼻头处出现凸起物怎么办？	269
227 猫的尿液颜色变浓，是生病了吗？	270
228 猫排尿的次数增加了是怎么回事？	271
229 如何采集猫的尿液？	272
230 不同种类的猫应该注意的疾病有哪些？	274
231 猫被烫伤怎么办？	275
232 猫喝牛奶后腹泻是怎么回事？	276
233 既然猫会腹泻，那也会便秘吗？	277
234 健康猫咪的粪便是什么样的？	278
235 猫粪便中出现虫子怎么办？	279
236 猫吐了很多东西，要紧吗？	280
237 猫经常想吐，要紧吗？	281
238 猫出现怎样的呕吐症状时应该去宠物医院？	282
239 猫下巴处出现了黑色颗粒怎么办？	283
240 猫流鼻血了怎么办？	284
241 散步的途中被其他猫咬了怎么办？	284
242 无法分辨哪只猫腹泻，哪只猫呕吐怎么办？	286
243 何时应该去宠物医院就诊？	288
244 不是只有我家的猫不喜欢去宠物医院吧？	289
245 如何准确说明猫的症状？	290
246 可以不进行麻醉吗？	292
247 如果每天都去看望猫咪，会给宠物医院带来不便吗？	293
248 有让猫咪顺利吃药片的方法吗？	294
249 药片和水一同送服有什么诀窍？	295
250 真的有必要使用抗生素吗？	297

喜欢猫的话，
一定会发现。

第 7 章　两大现代病——肥胖和抑郁

- **251** 猫的平均体重是多少？　　　　　　　　　　300
- **252** 过度肥胖的猫会生病吗？　　　　　　　　　301
- **253** 我家的猫咪是瘦还是胖？　　　　　　　　　302
- **254** 猫长胖后似乎肤质变差了？　　　　　　　　303
- **255** 让猫减肥的方法有哪些？　　　　　　　　　304
- **256** 猫在哪个季节容易减肥？　　　　　　　　　305
- **257** 在猫咪减肥期间可以喂零食吗？　　　　　　306
- **258** 这样的减重进度理想吗？　　　　　　　　　307
- **259** 减肥中的猫不爱吃东西了怎么办？　　　　　308
- **260** 猫多久不进食会有危险？　　　　　　　　　309
- **261** 猫也会抑郁吗？　　　　　　　　　　　　　310
- **262** 猫为什么不开心？　　　　　　　　　　　　311
- **263** 猫内心不安时也会舔毛吗？　　　　　　　　312
- **264** 猫会将毛舔秃吗？　　　　　　　　　　　　313

我变胖是主人的错……

第 8 章　猫社会也迎来了老龄化

共同生活的时间变多了,很高兴。

- **265** 长寿的猫有什么特征？　　　　　　　　　　316
- **266** 为什么猫的寿命会变长？　　　　　　　　　318
- **267** 世界上最长寿的猫活了多少岁？　　　　　　319
- **268** 猫嘴附近夹杂了白色的毛是怎么回事？　　　320
- **269** 从何处能够看出猫开始衰老？　　　　　　　321
- **270** 主人能为高龄猫咪做些什么事？　　　　　　322

271	高龄猫的饮食有哪些注意事项?	323
272	猫会一直卧床不起吗?	324
273	猫出现褥疮了怎么办?	325
274	猫也会患认知障碍吗?	326
275	是否有治疗猫认知障碍的方法?	327

做我家的孩子真好啊!

第 9 章　猫的品质生活

276	猫易患的疾病有哪些?	330
277	不太想让猫吃药怎么办?	332
278	让猫远离癌症的生活习惯有哪些?	333
279	为什么猫的乳腺癌容易恶化?	334
280	发现小型硬块后,是否应该先观察状态?	335
281	何时才是最佳的手术时机?	336
282	不知如何选择治疗方法时应该怎么办?	337
283	有不需要住院的治疗方案吗?	338
284	猫被医生宣告无法医治时应该怎么办?	339
285	对猫来说,什么才是幸福?	340
	猫易患疾病一览	342

第 1 章

想要更了解猫的情绪

为什么猫的很多行为让人感到不可思议?
我这样喜欢你……为什么?

 Q&A 猫的情绪

1 猫为什么会一直舔毛?

**不想留下气味,这是注重狩猎成功率的
野生时期留下的习性!**

猫大约一半的清醒时间都在舔毛。猫喜欢干净,且对气味敏感。舔舐全身,能够除去身上的味道。

猫是狩猎型动物,通过狩猎获取食物。如果猎物捕捉到气味而逃走,它们就无法获得食物。虽然在室内生活的猫不需要狩猎,但仍保留了这个野生时期的习性。

对于猫来说,身体带有气味等同于我们人类穿着脏衣服。"好脏啊""必须要立刻洗掉",或许它们是出于这样的想法在舔毛吧。

2 舔舐是爱的信号？

**舔毛是爱的表现。如果被猫舔舐，
请温柔地抚摸它们作为回应。**

对于猫来说，舔毛即是爱的表现。

大家应该看过猫互相舔毛的场景吧？仔细观察，可以发现猫会舔舐对方的头部和颈部后侧等自身无法触及的部位，这是以此来传达"让我们成为好朋友吧"的信号。

面对主人，猫也会做出同样的舔舐行为。这是在表达"我很相信你"，此时主人可以温柔地抚摸猫咪。

猫在打架的过程中也会出现一方突然开始给对手舔毛的情况，这是提出和解的信号。即便如此对方也不原谅的话，"战争"就会继续。

相反地，在舔毛的过程中，如果对方一直舔舐某个部位，也可能会导致打架。

3 傲娇猫不知何时开始变得亲人？

只在喜欢的时候靠近，这是猫的优点。
不要期待它们会变得"亲人"。

猫的魅力之一便是其随意的性格。有时明明很亲昵，却突然扭头跑开，呼唤猫的名字，它也只是不经意地看过来，装作没有听到——猫有很多这样"傲娇"的时刻。

即便人类很热情地接近这样不亲人的猫，它们也很难变得亲人。

猫是否亲人和来自其父亲的遗传性因素有很大关系。并且，猫在出生后 2～9 周期间习得的社会性习性会很大程度地影响它们和人类的相处方式。

其实，对于猫来说亲人才会出现问题。主人对猫过度倾注感情，希望它们能够亲人，也会导致猫出现异常行为。

平时十分冷淡，只在自己喜欢的时候来到人类的身边，这正是猫的优点，不过分期待猫会亲人是人类和猫构建良好关系的关键。

Q&A
猫的情绪

4 为什么猫会突然跳到腿上?

这是"想要互动"的表现,也是信赖主人的证明。

坐下放松时,猫突然跳到腿上来了!喜欢猫的人都憧憬过这样的场景。

卧在腿上的猫突然开始睡觉时,人们会陷入"动弹不得,但也不想结束这份幸福……"这样的烦恼中吧。

猫卧在人类腿上,是在表达"想要互动",也是信赖你的证据。

但是,请不要因为猫不会卧在自己的腿上而感到悲伤。每只猫表达感情的方式有所不同。即便没有卧在腿上,只是卧在主人的旁边,身体的一部分靠在主人的身上,也是在传达"我很信任你""我很放心"的信息。

无论是哪种方式,能被最喜爱的主人的气味包围,还能占据主人温暖舒适的腿,这是猫最能够放松的时刻。

Q&A 猫的情绪

5 为什么猫会在这样的地方磨爪子?

这种行为意味着猫不喜欢现在的场所。
可以使用木天蓼这个秘密武器。

猫在墙壁、家具、沙发等主人在意的地方磨爪子是有缘由的。简单来说,就是它们不喜欢磨爪子的地点,即便斥责它们也毫无作用。要应对这种情况,首先应该迎合猫的喜好,将猫抓板放在其喜欢的地方。

猫抓板有很多种类,材料有纸箱、织物、木材、剑麻等,样式也有立式和平铺在地板上的类型。

可以在目前使用的猫抓板上撒一些木天蓼的粉末或是猫薄荷(猫喜爱的植物)。

在墙壁、家具、沙发等地方粘贴磨爪器具,也可以避免物品损伤。

如果猫在合适的地方磨爪子,应该及时给予奖励。

Q&A 猫的情绪

6 为什么猫会需要磨爪子?

这是为了剥除老化角质,也有涂抹激素的意图。

大家知道猫为什么磨爪子吗?理由有两个:第一是需要时刻保持爪子的锋利。猫的指甲结构呈洋葱式,通过磨爪子可以勾住并剥除内侧(靠近肉垫一侧)的老化角质,露出新的指甲。

第二个理由则是做标记。猫的肉垫带有皮脂腺,能够分泌激素。猫通过磨爪子来标记气味,表达"这是我的领地"。

正如前文提及的那样,猫是狩猎型动物,爪子是十分重要的狩猎工具。家猫也继承了磨爪子的天性。

Q&A
猫的情绪

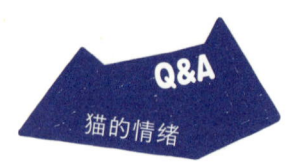

1 为什么猫会在纸箱中呢？

猫喜欢狭窄、阴暗的空间。对猫来说，在纸箱中十分舒适。

猫喜欢狭窄、阴暗的空间是受到野生时期留下来的本能的影响。纸箱、洗手池、水槽……只要看见“洞”，猫就会欣喜地钻进去。

待在这样的场所不易被敌人发现，能够安心居住，像秘密基地一样。并且，猫尤其喜欢勉强能够容纳身体的空间。

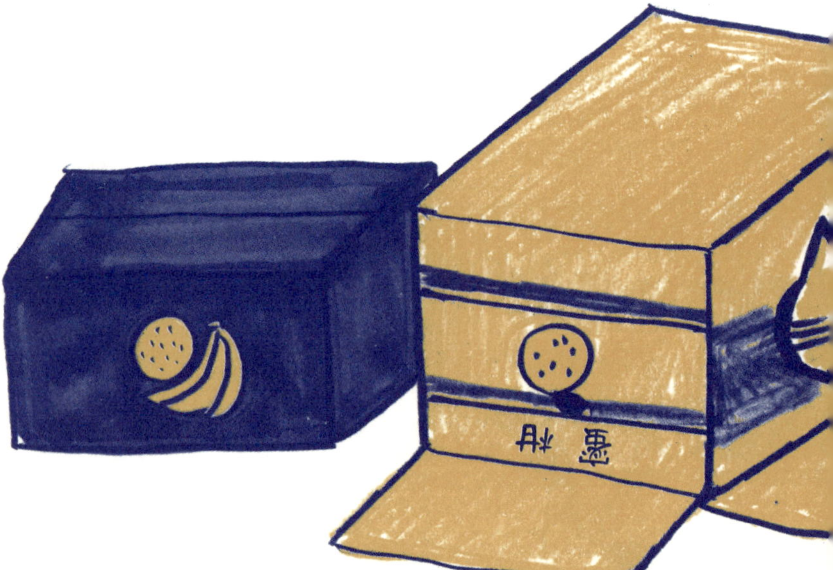

此外，为防止被其他动物发现，猫会将捕获的猎物拖进秘密基地进食。

最近，有的主人说："猫已经长大，我特意购入看起来十分舒适的猫窝，但它还是睡在狭小的纸箱中。"这样的情况十分常见，无论是猫窝还是玩具，猫对于"新的物件"有很强的戒备心。这有可能是新物件上没有自身气味的缘故。

针对这种情况，可以将猫窝放在狭小阴暗的地方，并在其中放置猫经常使用的垫子或毛巾。

猫是十分任性的生物。或许在你早已遗忘新的猫窝时，不经意间会看到猫已经在其中熟睡了。

8 为什么猫喜欢待在很高的地方？

因为这里不易被敌人发现，容易发现猎物。
高处是让猫能够放心的地点。

除了阴暗狭窄的场所，猫还喜欢高处。这也是受野生时期留存下来的本能的影响。这样的地点不易被敌人发现，视野较好，容易发现猎物。

生活在室内的猫也喜欢站在高处俯视主人。

如果刚接回家的猫没有受伤也不去往高处，而是喜欢待在狭窄阴暗的地方，这或许是受到野外生存经验的影响。

近年来，在城市中心等区域，几乎不存在让猫放松的高处。在地面上生活的野猫不时会经历被往来的车辆危及生命等一些可怕的事情。

这样的猫在经过一段时间后也会爬到高处。这表明它们恢复了自己原本的生活习性，变得自在了。

Q&A 猫的情绪

9 为什么猫爬上高处会无法下来？

本能地不断向上攀爬，结果爬得过高！
真是好笑的理由。

有时会有猫在高处无法下来的新闻。能够上去却不能下来，十分不可思议吧！

猫在高处时会感到放松，因此出于本能会不断攀爬。但是，它们却无法像人类一样朝下看，也就是说无法用后腿向下移动，只能跳下来，但直到此时才会发现"不好，爬得太高了"。

无法用后腿下来的原因在于猫爪的结构。猫爪呈弓形，因此很擅长自上而下抓握，而反向行动时则难以发力。

Q&A
猫的情绪

10 为什么领地对猫如此重要?

这是敌人绝对无法进入的领域。猫的领地有两种类型。

猫不是群居动物,它们喜欢独居。对于猫来说,自己的领地是敌人无法进入的能够完全放松的绝对领域。对于进入领地的生物,猫会十分警惕。

猫的领地有两种类型。一种是睡觉、排泄等以生活为中心的"生活领地";一种是范围较大的进行狩猎的"狩猎领地"。

野猫大多不允许其他的猫科动物进入"生活领地",而可以和熟悉的猫一同分享"狩猎领地"。但这不代表它们能够一同融洽地生活,而是表示"尽量不要相互碰到"。在此生活的猫咪们

有如下行为：

> ● 分时间段使用相同的场所
> ● 从远处观察其他猫咪的行动

不远不近，共同使用领地。

猫通过尿来标记领地，因此会了解其他猫的行为模式。

那么，如果不小心碰到对方了会怎样？这时它们会秉持"不对视，假装不认识"的原则。

11 家猫也有领地吗？

有的。家猫闻过气味，确定没有危险后才会自由出入。

家猫已经掌握在家中有限的空间里和人类共同生活的技巧。对于进入自己生活领地的生物，通过闻气味判断没有危险后，会允许其进入自己的领地。

除主人外，还有婴孩和新来的猫……和猫一同生活时，让其适应气味是很重要的事。

Q&A 猫的情绪

12 猫能听懂人类的语言吗?

猫能够听懂自己的名字。观察人类的行为后还能学会开门。

有的主人会说:"我家的猫咪经常说话。"2019 年,日本的科学家 * 已经证明猫能够听懂自己的名字。

实际上,它们可以理解的事情或许有更多。我从养了很多猫的主人那里听过这样的故事:"我在打电话给医生说'今天请给咪咪做检查'时,咪咪逃走躲起来了。"

出现这样的行为是因为主人在打电话时,猫能够理解听到自己的名字等于去医院这件事。

喂!小五!

* 上智大学综合人类科学部心理学科斋藤慈子副教授的研究小组。

猫的大脑中，掌管知觉、思考、记忆等功能的大脑皮质占很大部分，它们其实很聪明。猫也非常擅长模仿，能够开门的猫便是通过仔细观察人类的行为，模仿人类手部动作，从而按下门把手的。

但是，和狗积极回应主人的手势和呼唤不同，猫即便能够理解所有事情也会故意不做任何回应。这或许是因为"我听到了，但我现在不想做这种事"的缘故。

13 猫喜欢男性还是女性？

猫更喜欢女性。是因为男性不够喜欢猫吗？
不是，是声音的问题。

从结论来说，无论哪种性别的猫都会更喜欢女性，而不是男性。

这并不是因为"男性不够喜欢猫"，而是因为声调有高低。猫更容易听到声调较高的声音，因此很容易会对女性的声音做出反应。

如果想让猫看向自己，请尽量发出声调较高的声音。

14 为什么猫被训斥也不会反省?

假装不知道,却能够完全理解。
主人应该关注猫被训斥后的表现。

被主人发现正在捣蛋并被训斥"谁做的"后,狗会害怕地看向主人,看起来已经是在反省的样子了。

而猫……恐怕会立刻逃离这个地方,假装"不是我"(这正是猫的魅力之一)。

那么,猫不会反省吗?并没有这样的事。请仔细观察这之后的行为。被训斥后停止这样的行为则表示已经反省过了。学习"不应做的事"并付诸实际行动是猫反省的表现。

Q&A 猫的情绪

15 在家能够训练猫吗?

**虽然比训练狗更需要耐心,但学会"等一下"
很简单。如果学会的话请奖励它们吧。**

那么,在家能够训练猫吗?这是个非常艰难的任务。对猫进行训斥没有作用,拍打也只会起到反作用。

如果有想让猫停止的行为,可以训练它们"等一下"。

例如,想让猫停止跳上餐桌的行为,可以在它准备跳上餐桌时按住它的头部,用低沉、短促、强硬的声调说"等一下""不行"。低沉的声音能够让猫意识到"和平时不同""主人在生气"。

不要认为说"不行"没有任何作用。你是否因为过于宠爱猫咪而无法严厉地说出"不行"呢?猫能够敏锐地捕捉到声音中包含的"真拿你没办法"这样的语调。

猫很容易记住"不行""等一下"这类指令。只是和狗不同,猫没有"很喜欢主人,想被主人奖励,要记住更多的指令"的想法。所以只要猫遵守了指令,就请奖励它吧。获得零食和爱抚,猫也会十分开心。

16 为什么猫会在主人做事的时候一直阻挠?

这是"快看我"的信号。如何和猫互动是对主人能力的考验。

卧在摊开的报纸和杂志上,在使用电脑时随意地踩下键盘……主人在做一些事的时候,猫会不断阻挠。

这正是猫在寻求关注的表现,猫不喜欢主人关注其他事物,所以传递出"看看我!"的信号(但是,回应猫的期待,关注它后,它却突然去向别处,这也是猫会做的事)。

猫一时兴起时,会向主人索取关注。发出叫声也意在此。但是,如何关注猫则是对主人能力的考验。

对所有信号都做出回应,不断倾注爱意并非是好的方式。不应彻底回应猫的要求,应有节制地接触猫,有时"无视""不在意"也很重要。

17 过度遵从猫的意愿是否合适？

过度倾注爱意会引发猫的异常行为，也不利于猫的健康。

主人不应回应猫的所有要求，因为过度溺爱会引发猫的异常行为。

发出叫声、舔毛、磨爪子、撕咬、排泄……这些猫的本能行为会因压力而变得过激。大声地叫，大力地抓挠、撕咬……这样的行为被称为"异常行为"。

导致猫出现压力的原因之一便是对于互动的不满足。如果主人经常回应猫的要求，对其过度溺爱，猫就会想要得到更多的关爱。

在主人外出之际，猫会抓挠衣服，趴在衣服上。这是"分离焦虑"的表现。

除了攻击人类外，异常性舔毛等损害猫自身健康的行为也会让主人担心。

过度溺爱猫咪不可取。很多情况下，猫的异常行为是焦虑引发的，如果严重的话，应及时和宠物医生等专业人士商谈。最近，也出现了用行为疗法治疗猫的异常行为的专科医生。

18 为什么猫明明玩得很开心,却突然厌烦了?

玩耍 = 狩猎。在一瞬间倾尽全力是肉食动物的天性。

这是狩猎型动物的天性。大家可能在自然节目中看过这样的场景:狮子或老虎向着猎物一口气冲刺,失败后就立刻放弃……

狩猎型动物在狩猎时会分泌肾上腺素,让自己处于战斗状态。但是,肾上腺素的效果无法长时间维持。

追捕猎物,没有收获就休息一下,等午休后再次尝试。这种行为并非是因为感到厌烦,而是肉食动物的习性使然。

对于猫来说,玩耍等于捕猎,所以也会有同样的行为。因此,它们并不是很快就厌倦了。

相反地,草食动物能够全天集中精力进食。

顺带一提,科学家已经证明猫 95.6% 的 DNA 和老虎一致。家猫是在 1080 万年前从豹支系中分化出的品种。

19 如何与猫更好地玩耍?

培养猫的捕猎意识，不时让猫有所收获。

和猫愉快玩耍有两个关键：第一是让其具备"捕猎"的意识，第二是"让其捕捉到"。

正如前文提及的那样，对于猫来说，玩耍等于狩猎，经常捕猎失败会让猫失去兴趣。

滚动或推动一段时间后会出现食物奖励，这样的玩具十分符合猫的习性。猫能够独自玩这些玩具，并且很多猫在获得玩具后，在深夜会变得十分安静。

如果猫在中途表现出厌烦，则表示"玩耍已经结束了""想要开始不同的狩猎"。请和它们玩不同的游戏吧。为了防止猫咪很快厌倦，可以准备多种不同的玩具轮换使用。

20 为什么猫被抱着的时候很顺从,却突然咬人?

这是为了让人明白"已经够了"。
请仔细观察猫咪耳朵和尾巴的动作。

怀中抱着的乖巧猫咪突然挣扎、咬人,最终从人手中挣脱。

这是猫在表达"已经够了"。这种行为也可以称为"爱抚诱发性攻击行为"。抚摸时间过长或抚摸的方式不正确时,猫咪会出现这种行为。

在抚摸或抱起猫咪时,不要忽略以下猫咪表现出的"已经足够"的信号:

- 耳朵向两侧转动
- 尾巴左右摇摆

顺便说一下,猫和猫之间也会出现这样的行为。互相舔毛时,对于长时间舔舐自己不适部位的对方,猫咪会表现出"发怒"的态度。

猫咪能够舔舐自己颈部以下的部位,因此它们不喜欢人类或其他的猫触碰这些部位。

21 猫"踩奶"是想要传达什么信息?

能够在一起就十分开心。这是幼猫时期遗留下来的刺激母猫分泌乳汁的行为。

前爪一张一合,不停地踩奶……有很多主人都会被猫咪的这种行为治愈。这种仿佛揉面一般的行为在日本也被称为"做饼干"。

这是幼猫时期遗留下来的行为,其原本目的是刺激母猫的乳腺分泌奶水。

请大家仔细观察正在踩奶的猫咪的表情。它们的表情应该是十分放松和喜悦的。如果猫咪在主人身上踩奶,则是在表达它有如同和母猫相处的安心感和爱,请温柔地呵护它们吧。

踩奶并不是所有猫都具备的习性,和母猫相处时间很长以及离开母猫独立生活的猫很多都不会踩奶。

22 为什么不可以抚摸猫的尾巴？

猫的尾巴和脊椎相连，虽然看起来很可爱，让人想抚摸，但不要直接抓住猫的尾巴。

长长的尾巴呈钥匙状，被称为"钥匙尾巴"；短短的好像丸子一样的尾巴被称为"圈尾巴"……猫的尾巴因品种和个体的不同而呈现出各种形状。

猫的尾巴看起来很可爱，让人想要抚摸，但猫的尾巴和脊椎直接相连，是容易感到疼痛的部位。

猫之所以拥有矫健的身姿，正是因为尾巴能保持平衡。盲目触摸可能会影响猫的日常生活。

特别是拥有钥匙尾巴的猫，它们尾巴的弯曲部分容易因刮到而受伤，也有猫因此而骨折。

Q&A 猫的情绪

23 猫的尾巴有什么作用?

**虽然猫不会像狗一样不停摆动尾巴,
但猫也会用尾巴表达感情。**

在我诊治的过程中,有的猫会竖起尾巴,来到我的身边,蹭我的脸颊。

这是在表达"让我们成为朋友吧"开心的信号。猫用尾巴的动作和形状来表达各种感情。下面给大家介绍几种主要的形式。

- **垂直竖起**
  开心的信号。小幅度摆动尾巴证明猫当前很开心、很兴奋。想被抚摸、想玩耍、肚子饿了……基本上都是寻求关爱的表现。
- **尾巴末端呈"问号"的形状**
  心情很好的信号。
- **尾巴向下垂**
  情绪低沉,缺乏活力,不想被靠近的信号。这时,猫有可能身体不适,需要注意。
- **尾巴团起来,放于腿中间**
  神经紧张的时刻。将身体缩成一团,表示服从和失败,猫经常会在打架后呈现这种姿态。
- **尾巴炸毛**
  进入攻击状态的信号,尾巴在较低的位置是立刻进入攻击状态的姿势。此外,毛倒立是让身体显得更大,强调自身的强壮。
- **大幅度晃动尾巴**
  处于放松的时刻。抚摸猫的时候,如果猫的尾巴开始小幅度晃动,则表示接触过多。

24 猫的叫声有什么含义?

猫的叫声有近 20 种,人类只能分辨其中的 6 种。

猫有近 20 种不同的叫声,人类只能分辨其中的"喵——"等 6 种叫声。

猫的叫声大致可分为以下几类:(1)撒娇,有需求;(2)狙击猎物;(3)威吓;(4)发情。

下面为大家介绍几种常见的叫声及其代表的心情。

- "喵——" = 撒娇
  这类叫声的特征是拉长尾音的可爱声音,是"肚子饿了""一起玩吧"的信号。
- "咔咔""呜呜" = 兴奋
  这类叫声也被称为"礼炮声",多是狩猎、狙击猎物时会发出的叫声。或许是因为发现了鸟或昆虫。
- "嘶""哈" = 威吓
  领地被侵犯,感到身边有危险时的叫声。
- "喵""喵呜" = 发情
  这类叫声像婴儿啼哭般洪亮。

分辨猫的不同叫声,理解猫的各种心情吧!

25 为什么野猫很少发出叫声?

会发出叫声的多半是家猫，这是因为它们想和人类沟通。

大家知道吗？会发出叫声的多半是家猫，野猫除去和母猫或兄弟姐妹一起生活的幼年时期外，几乎不会发出叫声。因为发出叫声很容易被敌人发现，野猫之间会用蹭鼻子等行为进行沟通。

而家猫需要向主人传达自己的需求，因此会发出叫声。被人喂养的野猫也会发出"喵"的叫声和人沟通。并且，比起公猫，母猫更容易发出叫声。

给大家介绍一下猫在发情期的叫声吧。或许有很多人曾因听到夜晚屋外的巨大的猫叫声而感到震惊。叫声的背后是多只公猫在争夺一只母猫。母猫在发情期也会发出叫声，但几乎都是低沉、短促的声音。通过绝育可以终止发情期的叫声。

26 猫露出肚皮是想获得宠爱的信号？

虽然露出肚皮，但大多情况下猫不喜欢被摸这里。从医学角度看，这会触及内脏，对猫不利。

猫露出肚皮确实是"我很信任你""我很喜欢你"的意思。但是，猫露出肚皮并不表示"可以摸肚皮"，希望大家能够明白这一点。这种复杂的特性也是猫的魅力之一。

狗露出肚皮是服从的信号，这时可以毫无顾忌地抚摸狗的腹部。

而猫的腹部皮肤十分薄且柔软，抚摸腹部会触及内脏。突然抚摸猫腹部的这种行为不可取。被抚摸肚皮后很多猫会立刻调整回原本的姿势。

即便猫已经露出肚皮，也要从头部开始慢慢抚摸到颈部、背部，这样猫会感到愉悦。

虽然每只猫都有所不同，但当猫熟睡后，在和主人有很强的信任关系的情况下，也可能会让主人抚摸腹部。这时，请温柔地慢慢抚摸。

Q&A 猫的情绪

27 在玄关处等待是欢迎主人回来吗?

**其实猫更期待今天的食物和
获得填饱肚子的喜悦!**

回到家,打开门后发现猫正坐在玄关处,好像是在等待主人归来,这是激发主人对猫的喜爱之情的时刻。

虽然猫能够察觉主人回家这件事,但遗憾的是,它们等待的可能不是主人,而是食物。主人回家意味着可以吃饭了。确实是"等了很久"。

狗能够分辨主人的脚步声和汽车的引擎声,会在主人到家前十分钟就在门口等候(也有是第六感的说法),猫也能够分辨大范围的声音。远处主人的脚步声、电梯运行的声音和汽车停在停车场的声音,猫通过这些声音可以判断出主人已经回家了。

28 猫不停地蹭我是因为非常喜欢我吗?

这是在表达"很喜欢这个人,这个人属于我"。

猫用前额贴近人或物体,是在表达"这是我的"。猫的面部有大量分泌信息素的分泌腺,通过头部摩擦留下"我们是朋友和伙伴"的证据。

按照头部、身体、尾巴的顺序来摩擦主人的脚也是这个缘故。对于猫来说,主人也是自己的所有物,它们会很欢快地标记自己的气味。

除此之外,还会表达以下这些意思。

- **突然用头部撞击** ……………………………………… 爱的信号
- **抱着时或睡觉时,闻主人面部的气味** …………… 个体识别
- **用湿湿的鼻子靠近** …………………………………… 爱的信号

此外,如果猫舔舐主人,也是它们将主人作为家庭一员爱护的表现。

顺带一提,猫在不安、疼痛、有压力时也会舔舐主人。如果平时从来没有过舔舐行为,而最近频发这种现象时,请检查猫是否有什么异常。

猫的情绪

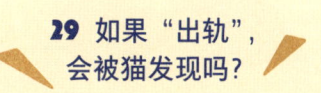
29 如果"出轨",会被猫发现吗?

猫能够通过气味判断主人是否和其他猫接触过。
主人在猫的面前无法"出轨"。

前文曾提及猫对于气味十分敏感。如果和自家饲养的猫之外的猫接触过,猫会发现主人的气味和平时不同,会像质问"你和谁见面了?"一般,不断闻气味。在猫的面前实在无法"出轨"。

如果和其他的猫接触过,回家后请先洗手,然后更换衣服,以此来安抚猫咪。

猫在自己的"生活领地"中闻到其他猫的味道,会在两周之内采取和平时不同的行动。我曾接待过很多因异常行为而前来就诊的猫。

Q&A 猫的情绪

30 为什么猫会在深夜玩耍?

在夜晚变得活跃是猫的天性!
家猫深夜玩耍则有可能是因为精力过剩。

"睡觉吧",关灯的一瞬间,想要玩耍的猫就会来打扰你睡觉——这是猫主人经常遇到的情况。

在夜晚变得活跃是猫的天性,但家猫出现这种行为很有可能是因为精力过剩。白天,主人应该经常与猫玩耍,减少猫的午睡时间,到了晚上猫就会睡觉。

能够一起玩耍是最佳的解决办法,如果无法做到这一点,可以为猫提供一处能够在白天眺望室外的地点,通过观看风景消耗猫的精力,这样也很有效。此外,在进食时和猫玩五分钟的作用也会十分明显。

白天的生活方式十分重要,如果猫有能够一同玩耍的同伴(同居猫),到了晚上也会和主人一同睡觉。但是,养两只猫也有可能会在深夜开更热闹的"运动会",这正是猫的组合的问题。

31 为什么我家的猫晚上会乖乖睡觉？

早上起床，晚上睡觉，和人类生活节奏相同的现代猫也在增加！

最近，非夜间活跃的猫也开始受到关注。因养在室内而和主人有着相同生活节奏的猫也开始变多。

这也给兽医协会带来了一些变化。20世纪80年代，兽医通常在夜晚给猫使用类固醇药物。类固醇是起床时分泌的激素，"早上给狗服用，晚上给猫服用"是兽医的固定诊治方法。

但是，"白天一直清醒的猫，则应该在早上给其服用"这种认知已成为常态。现在认同"存在非夜间活跃型猫"的人也逐渐增多。

早上和主人一同起床，和孩子们一同度过欢快的日间，夜晚就寝，猫也逐渐成为"现代猫"。

32 猫是在点头吗?

猫点头是因为信任。这和让眼睛湿润而眨眼完全不同。

"或许我过于喜爱自己的猫咪,希望能够看到这种事发生?"别怀疑,猫的确会点头。

在野外生活的猫不会相互对视。对视就是要开始打架的信号。

猫很不擅长视线相对,看到主人的面孔,慢慢地眨眼,好像点头一般的行为是爱的表现。这是在表达"毫无压力的生活""我很相信你"。

与为了让眼睛湿润而快速眨眼不同,这是缓慢的动作,很容易区分。

如果猫对你慢慢地眨眼,请对它做出相同的动作吧。于是,猫也会再次慢慢眨眼,这时来场眨眼比赛吧。这是能够感受到彼此心意相通的幸福时刻。

如果猫只眨一侧的眼睛,则有可能是眼中进入异物,请注意这一点。

33 猫为什么会对没吃完的食物做出掩埋的动作？

这是在表达"这件事已经完成，不需要这个气味了"。

猫会对没有吃完的食物做出类似掩埋的动作。这和排泄后的动作相同，是消除气味的行为，表示"这件事已经完成，不需要这种气味了"。

有些猫会特意跑到桌子上对着纳豆等气味强烈的东西做出掩埋的动作。这是因为猫对这种气味很在意，并不代表讨厌这种气味。

如果喜欢喝咖啡的主人发现自己的猫对桌上的咖啡做出掩埋的动作，这可能因为主人的身上经常散发出咖啡的味道，猫对这种气味产生了嫉妒。

Q&A 猫的情绪

34 猫为什么会用下跪般的姿势睡觉?

最有可能的原因是环境过于明亮。发现猫呈"道歉式睡姿",请关掉照明设施。

蜷起前腿,额头贴近地面,看起来好像下跪一样的姿势也被称为"道歉式睡姿"。或许有很多主人会被猫的这种奇妙且可爱的姿势治愈。

采取"道歉式睡姿"的原因可能是环境过于明亮。猫的眼球感受光线的能力很强,在白天或有照明的室内,即便闭上眼睛也会感受到光线。用前腿捂住眼睛睡觉,或是面部朝下睡觉,都是基于相同的原因。

因为这是应对过于明亮的环境而采取的行动,也有的猫不会出现"道歉式睡姿"。如果发现猫呈"道歉式睡姿",请关掉照明设施。

猫的情绪

35 猫为什么会前腿向内侧蜷曲而卧？

这是猫特别的蜷卧姿势。猫的关节能够180度旋转。

比起其他动物,猫的蜷卧姿势非常独特。狗会伸直前腿而卧,这种姿势在动物中十分常见。而猫的腿部关节能够180度旋转,完全贴合身体。

猫的这种姿势在日语中被称为"香箱*座",是一种放松的姿势。由此将头部向前倾倒,则是"道歉式睡姿",卧下后经常会因心情舒适而睡着。

但是,最近无法做出香箱座这类动作的猫在逐渐增加。这是因为它们的关节无法弯曲。

如果只有一条腿无法蜷曲,可能是因为左右腿有差异,多是由关节疼痛造成的。请轻轻触摸,确认猫的关节是否能够自然地弯曲。最大限度地向内侧弯曲腿部的关节,如果脚爪背面能够近腿部则是正常的。以人的脚踝为例,就是脚背贴近小腿。如果猫感到疼痛则可能是关节痛。

曼赤肯或英短等腿较短的猫特别容易出现关节异常现象,请多加注意。

---

* 日本的一种方木盒。

36 猫会感到寂寞吗?

猫一直在睡觉,完全没关系。
猫并没有"被人类饲养"的认知。

很多人都有"白天一直外出工作,无法陪伴猫咪"的困扰,担心这样是否会对猫不够关爱。

其实猫整天都在睡觉,只要有舒适的环境,即便主人不在家,它们也不是很在意(猫每天的睡眠时间为14~16小时)。猫也不太有被人类饲养的意识。

在猫看来,人类或许是生活在相同空间的伙伴、室友,"只在这个时间段进入自己领地的家伙"。

再次强调一下,比起置之不理,过度关注才会出现问题。对于猫来说,平时受到主人的关爱,一旦缺乏关爱就会变得欲求不满,进而发展为出现咬人、有攻击性等异常行为。

即便白天无法和猫在一起,只要回家后有和猫玩耍、互动的时间就没有问题。有猫咪在家中等待的生活也十分幸福。

37 猫不擅长应对环境的变化吗?

原本应该不在家的时间,主人却在家……
新型冠状病毒增加了猫的压力!

因新型冠状病毒感染(COVID-19)的影响,日本在家办公的人增多了。

与因一同度过的时间变多了而感到高兴的主人相反,原本无人在家的时间却有人,这对猫来说是很大的压力。也有因此产生"异常行为"的案例。

过度舔毛案例的增加尤其明显。有很多因过度舔舐导致前腿、腹部、后腿脱毛的猫的主人来到宠物医院寻求帮助。白天主人一直在家,无法进行每天的固定活动,某种意义上,猫也在被迫隔离。

如果相处的时间变长,可以采取以下措施:(1)不要过度关注猫,只在猫想要玩耍的时候一同玩耍;(2)保证猫的睡眠;(3)不要长时间待在白天不在家时猫占据的房间,让猫拥有独处的时间。

38 猫坐在我的脸上,是把我当成奴仆吗?

这是在表达"想玩耍""饿了"等信息!
即便在黑暗中,猫也能分辨脸的位置。

好热、窒息了……为什么猫会喜欢坐在人的脸上?有的猫还会拍拍主人的脸颊,叫醒主人。

猫是夜间动物,黎明时分会更活跃。因此,它们会坐在主人的脸上表达"想玩耍""饿了"等信息。

猫的视力虽然不是特别好,但是捕捉声音和活动的能力却异常出色。

在睡眠中,人类的面部会有很多动作。打鼾、活动嘴部……猫能够掌握这些动作发生的位置并靠近。

此外,人类的面部也有很多分泌气味的分泌腺,也有可能猫是被这种气味吸引而来的。

Q&A 猫的情绪

39 人类的宝宝对猫来说意味着什么?

总是关爱"新人"的话,猫也会嫉妒。

对于家中的"新人",猫并没有成为"父母"的心情。和与其他猫之间的关系相同,猫会将婴儿视为"进入自己领地的新人"。

为了让还是"新人"的婴儿和猫的关系更加融洽,在将婴儿带回家中之前,可以采取以下的措施:

- 用擦拭猫面部的毛巾擦拭婴儿使用的家具
- 录下婴儿的啼哭声,放给猫听

几乎不会有猫会无故袭击婴儿,请大家放心。虽然猫最初可能会因婴儿无法预估的行动而感到领地被侵犯,但也会逐渐适应。亲人的猫还会靠近婴儿并舔舐。

但是,如果主人只关心婴儿的话,也会导致猫出现过度舔毛等异常行为。请对婴儿和猫倾注同等关爱。

40 为什么猫闻到鞋子里的气味会做出"很臭"的表情?

这是分辨激素的裂唇嗅反应。猫正在享受最喜欢的味道。

闻主人的袜子和枕头的味道时,猫是否会做出皱眉一样的表情?仿佛在说"太臭了"一般半张开嘴,似笑非笑,带有些困惑……看到这样微妙的表情会让人忍不住发笑。

这是被称为"裂唇嗅反应"的分辨激素的行为。与普通的气味相比,激素分子更小,猫会使用口中的激素感受器官大量吸收激素,因此出现半张开嘴的微妙表情。

这不是闻到了讨厌的味道才会出现的表情,事实恰恰相反。这是正在收集最喜欢的激素的行为,也是一种爱的表现。虽然这不能称为"气味迷恋",但或许主人的气味也满足了猫的需求。

41 有容易被猫讨厌的人吗?

很遗憾,有这类人。他们的共同点是对猫过度关爱。

猫听到呼唤也不作回应,这并不是出于讨厌,而是猫原本就是冷淡的性格。

不过,我们还是来一同探究一下"对朋友的猫伸出手,被挠了""给新来的猫喂食,被威吓了"这些现象的原因吧。

遗憾的是,的确有容易被猫讨厌的人。这类人的共通点就是很喜欢猫,但可能有些过度关爱。在猫尚未适应时过度抚摸,在猫并不喜欢的情况下一直追逐,所以他们才会被猫讨厌。

性格、身体状况、环境因素都有可能导致猫出现攻击性行为。因此和人类是否气味相投很重要。和猫顺利接触的原则就是"大体上不会过度关爱"。

猫的攻击性行为基本是出于戒备心。在猫出现不悦的反应时请立刻停手,仔细观察猫的状态,逐渐消除它们的戒备心。这样一来,猫也会渐渐对你产生信任。

42 为什么猫经常无视我,但是想吃饭时却会靠近?

猫敏锐的听觉让其能够准确找到发出声音的位置,通过气味也能够立刻辨别。

平时无论怎样呼唤也不会回应的猫,在听到厨房中打开猫粮袋子和猫罐头的声音后却会飞奔而来。明明猫所处的地点那么远。

猫的听觉十分敏锐,非常擅长找出声音来源。猫视力不好却在夜晚也能狩猎正是因为有敏锐的嗅觉和听觉。

这其中,猫竖直的耳朵发挥了很大作用。猫的耳朵是十分适合收集声音的扩音器形状,还能够左右转动180度,是很优秀的器官。

正是因为具备这种能力,猫在黑暗中也能够找出猎物的位置。

猫的情绪

43 为什么猫会一直盯着我?

和狗的眼神交流不同,猫是在表示"我很喜欢你"。

猫一直盯着人类并不是在对主人表达不满,或是好奇主人在做什么。这种行为和眨眼(参见第50页)相同,是"很喜欢你"的信号。

猫主人经常表示"我能够和猫进行眼神交流"。但是,猫的眼神交流和狗的意义有所不同。这里简要说明一下。

狗的眼神交流有"想获取关注"的意思。追寻主人的视线,用眼睛判断事物。

"等一下"就是这类训练的一种。这并不是让狗明白不可以做这种事的训练,而是让狗对主人的指令做出反应。狗在与主人视线相对时才会听从指令。

而猫的"眼神交流"并没有这种含义,请接受猫这种表达爱意的方式并抚摸它们吧。

44 为什么猫会扑向毛绒玩具?

猫通过观察对手的眼睛决定是攻击还是逃跑。
视线相对就是开始打架的信号。

再稍微介绍一下有关猫的视线的内容。

给猫展示毛绒玩具时,猫会突然扑向玩具。这是因为"眼睛"的缘故。猫通过观察对方的眼睛决定接下来的行动——攻击或逃跑。无论是动物、人类,还是玩具、画,猫都会对眼睛做出反应。

正如第 50 页中提到的那样,对视就是要开始打架的信号。"一直盯着我看,是不是想打架?"或许猫是出于这样的想法而扑向玩具的。

仔细观察野猫就会发现,两只猫相遇时也会巧妙地避开彼此的视线。这是在相互表达"没有敌意"。

顺带一提,猫在犹豫是攻击还是逃跑时会当场做出弹跳这样可疑的动作。

45 猫是否有可能忘记主人的样貌?

猫不擅长分辨样貌,在确认气味之前,可能会将主人认作他人。

"因出差离家两三天,回家后发现猫已经不记得我的样子了""很久没回老家,回去后被老家的猫无视了"——很多主人都有这样的遭遇。猫是否会忘记主人的样貌?

其实,猫的视力并不出众。它们无法通过视觉分辨水和食物的位置,精确辨别主人样貌更是非常困难。

对于猫来说,最重要的不是外观,而是气味。离开家一段时间后,领地中主人的气味变淡,需要通过气味唤起记忆。

回家后,猫好像在询问"你做什么去了"一般靠近,正是在确认主人的气味。

Q&A 猫的情绪

**46 为什么猫不和
我一起睡觉?**

**被子中的气味对猫很重要。因贪图舒适
而只睡一个夏天的情况也很常见。**

对于主人来说,"猫是否会与自己一同睡觉"是十分真实的烦恼吧。

即便几个人一同生活,猫会一起睡觉的对象也十分固定。猫不会像狗一样根据家中成员的地位选择共睡伙伴,而是根据"喜好"决定。被子中有自己喜欢的人的气味才能够放心睡着。在睡相不好的人旁边睡觉很难受……这听起来似乎很不可思议,但猫并不是凭借逻辑判断,而是看是否投缘来做出决定的。

但是,猫是贪图舒适的动物,会因被子的种类、通风性和舒适度等因素更换一同睡觉的人。即便因"猫和我一起睡觉了"而感到喜悦,很可能只是一个夏天的"缘分"。

经过长时间相处后人类之间会产生感情,而猫的喜好则和相处时间的长短毫无关系。我的猫从幼猫时期就是我照顾的,最近它却很喜欢刚开始工作的护士。很遗憾,看起来猫并不十分喜欢我。

47 为什么猫会轻咬我?

可能是换牙期牙根发痒,也有可能是表达"想玩耍"。

轻咬是出生2~3个月的幼猫特有的行为。不是因为讨厌主人而咬人,而是在将主人当作母猫撒娇。幼猫通过轻咬表达"想玩耍""多关注我"。

轻咬也有可能是无法摆脱幼年时期吮吸母猫乳房时的"吸吮行为"。

除此之外还有一些原因。比如,小猫通过轻咬母猫给予的猎物维持狩猎的本能,或者开始轻咬时正是换牙的时期。换牙期时,猫的牙龈会发痒,小猫会一边轻咬一边稳固牙齿。

48 如何才能让猫停止轻咬行为？

放任猫咬人可能会让其认为人类的手指是可以咬的，因此被咬了要即刻拒绝。

幼猫十分可爱，主人即便被咬了也会马上原谅它。但是，如果让猫误以为"人类的手指是可以咬的东西"，便会逐渐养成恶习。请给猫提供能够稳固牙齿的玩具。

被咬后，请立即用低沉、短促的语调说出"很痛"，以此来提醒猫。理由如同前面提到的那样。

这时绝对不可以拍打猫，这样会破坏信任关系。并且，如果采取训斥的做法，会让猫认为"只要咬人就会被关注"，从而起到相反的作用。主人应该贯彻咬人就停止玩耍这个原则。

突然缩回手可能会激发猫的狩猎本能，导致猫更加兴奋。允许猫轻咬也会引发猫的异常行为，最终导致猫将人咬至出血、发青。

这种情况多是因猫咪精神不安导致的，视状况的严重性，有可能需要去宠物医院注射镇静剂或服用抗抑郁药物。大多数情况下，只要主人出声制止便能够解决。"没关系，我不会离开你的"，主人像这样温柔地说给猫听，自然会缓解猫的不安情绪。

49 真的被咬了！只消毒伤口就够了吗？

**猫的咬合力大约是人类的两倍，
被咬或被抓伤后请去医院就诊。**

只是轻咬的程度尚无危险，但成年猫的咬合力大约是人类的两倍。如果猫使出全力咬人，强大的咬合力和尖刀般的犬牙能够穿透皮肤，直达骨头。

兽医因工作缘故，经常会被咬伤、抓伤，通常情况下，如果受到伤害，需尽早去医院治疗。

被猫抓伤，人有可能会患上"猫抓病"（巴尔通体病），请一定要格外注意。

如果不想留下伤口，也是做同样处理。像擦伤一般的伤口相对安全，若被指甲刺伤，请去往医院就诊。

此外，被感染狂犬病的猫咬伤的人也会感染狂犬病。狂犬病是哺乳动物共患的传染病。在美国，每年有 60~70 只狗被诊断出患有狂犬病，而猫则有 250 只以上。并且，美国有些州会要求给猫和雪貂接种狂犬疫苗。日本是少数狂犬病低发地区之一，狂犬疫苗的接种对象仅限于狗。

为了减少感染狂犬病的风险，应尽量避免接触野猫。

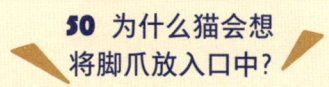

这时应考虑是否是口炎、牙周病等口腔内部的问题。

猫将前爪放进口中,好像搔痒一般,或是将前爪放入口中拨弄,多半是口炎、牙周病等口腔内部的问题导致的。

猫是否有以下的症状?

- 无食欲
- 进食不稳定
- 突然威吓食物
- 停止用嘴部玩耍
- 舔毛的次数和频率变低
- 有口臭和体臭
- 经常晃动舌头和嘴、摇头

无论哪种症状都会导致猫无法进食,请尽早送去宠物医院就诊。

Q&A 猫的情绪

51 为什么想要抱抱它,却被讨厌了?

需要给出"要抱你了"的信号。错误的抱猫方式可能引发关节问题,请牢记正确的抱猫方式。

大家是否采取从猫的腋下(前腿的根部处)插入双手,突然抱起猫这种姿势?

猫还没有做好准备,突然被抱起的话,很容易引发关节问题。这种行为也会给猫留下不愉快的记忆。

为了避免造成负面影响,请牢记下面正确的抱猫方式。

(1)呼唤猫的名字,或是说"抱一下",发出明确信号。

(2)猫做出反应后,一边用手托住后腿、胸部和腹部,一边轻轻将整个身体抱起来。

错误

正确

（3）抱起猫后，将猫的腹部朝向自己。

这和抱起人类婴儿，给其拍嗝的姿势是相同的。

如果采取正确的抱猫方式，猫还是小声叫唤、发怒，或是听到猫的关节响动，手部感受到关节异样，则有可能是猫的关节有问题。即便猫没有表现出疼痛，也请带它去宠物医院检查。

52 为什么猫会从外面带回猎物？

以主人为对象，再现育儿的情景。
请不要训斥猫，接受它的好意吧。

虽然现今推荐将猫咪饲养在室内，但有外出行为的猫有时会将猎物带回家。这并不是猫在炫耀，也不是想要获得表扬，而是一种养育孩子的行为。

母猫会将处于虚弱状态的猎物带给幼猫，教会其如何杀死猎物以及识别能够食用的猎物。因为从母猫处习得这样的捕猎方式，猫会以主人为对象再现这种情景。

如果没有需要照顾的幼猫，猫会将猎物带去最亲近的主人身边。这是猫带回的礼物，请不要训斥它或尖叫，接受它们的好意吧。

Q&A

猫的情绪

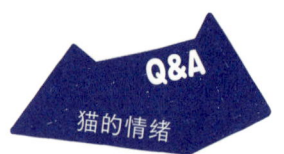

53 猫很兴奋怎么办?

威吓会产生相反的效果，可以借助塑料袋让猫冷静。

在这里告诉大家猫在过于兴奋、变得具有攻击性时的应对方法。

面对有攻击人类倾向的猫时一定不要威吓、攻击，应该避免凝视、接触猫，尽量不要被猫发现，逐渐减弱猫的攻击性。

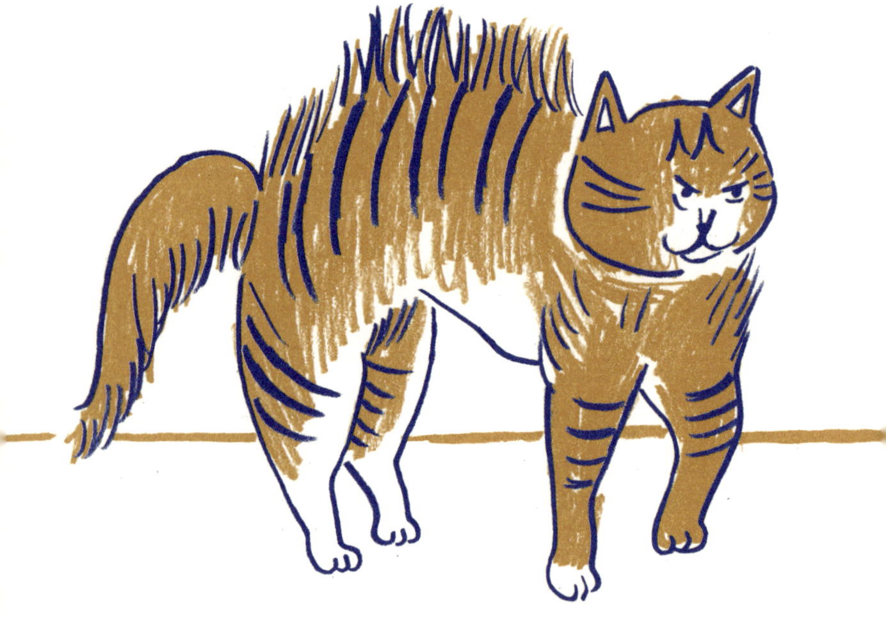

为了让猫冷静下来，可以将它移动到能够独处的房间中。这里推荐大家使用塑料袋，如果猫开始兴奋，可以在猫的身体后侧用塑料袋弄出"沙——沙——"的声音。这样，猫就会停止行动，开始寻找声音的来源，逐渐从兴奋状态中平静下来。

此外，用塑料袋发出声音的方法也会在给猫拍摄正面的照片时使用。和猫说"要拍照了"，它们不会面向镜头。但是它们会对声音做出反应，看向发出声音的方向。这时就是按下快门的好时机。

第  章

食物、水、厕所非常重要

猫喜欢什么样的食物？
为什么猫不喜欢喝水？
理想的厕所是怎样的？

过于任性，
我很抱歉。

54 可以不加限制地给猫喂食吗?

猫的食量以必需的热量为标准。

不同年龄段的猫必需的营养素和必需摄取的热量有所不同。喂食的原则是"每天适当量喂"。

以体重为标准,室内饲养的成年猫每天必需摄取的热量标准是每千克体重52千卡。5千克重的猫,每天最好摄取可以提供260千卡热量的食物。

但实际上,除了年龄和体重外,还需要考虑:(1)是否过于肥胖;(2)是否已经进行绝育手术;(3)根据运动量相应地调整喂食量。

即便如此,根据猫的年龄和体重计算正确的喂食量对于主人而言仍旧十分困难。可以参考猫粮外包装上提供的喂食量,以此为依据喂食。

即便饲养的猫撒娇乞食,也坚决不要投喂超过标准的食物。猫过于肥胖几乎都是因主人觉得"太可怜了,一不小心就给了"而导致的。

定期测量体重,确认食物量和食物种类是否正确是非常重要的,如果猫有基础病,请和兽医商谈。

※ 计入体重和检查项目计算热量的网站"猫的热量计算 Ver3.0"
http://www.vets.ne.jp/cal/pc/cat.html

55 猫粮的种类过多,应该如何选择?

选择有"综合营养食物"标识的产品。

市面上出售的各种类型的猫粮反映出养猫的热潮。与此同时,也有很多主人不知应该选择哪种猫粮。

这里再次复习一下基础知识。市面上的猫粮一般分为综合营养食物、普通食物(辅助食物)、零食三种。

基础饮食一般选择综合营养食物。凭借这类食物和水就能够维持猫咪的健康。以人类的饮食打比方,就是汇集了米饭、味噌、菜、沙拉的饮食。猫能够从中均衡摄取所需的营养素。

和综合营养食物混合投喂的零食,以人类的食物来说就是奖励、零嘴,只吃零食无法获取必需的营养。请将其当作综合营养食物的辅助食物投喂。

普通食物和零食的投喂方式会在后文中解说。

- **综合营养食物**
- **普通食物(辅助食物)**
- **零食**
- **处方粮**
  宠物医院开具的以治疗为目的的食物。
- **其他目的的食物**
  并非给妊娠中的猫咪吃的食物,而是想要补充特定营养的食物,具有治疗性质。

Q&A 猫与食物

56 幼猫猫粮和成长期猫粮有何不同?

幼猫猫粮和成长期猫粮的营养物质和热量有差异,应根据具体情况选择合适的猫粮。

看到猫粮的外包装,就能发现作为综合营养食物的猫粮有幼猫用、成长期用、成年猫用、高龄猫用等类别,它们能够满足处于不同成长阶段的猫咪的需求。猫在不同的成长阶段所需的营养和热量都有差异。

处于成长期的猫活动量较大,需要从饮食中摄取高能量,随着年龄增长,运动量会减少,因此老年猫不需要摄取和成长期的猫相同的能量。

此外,还有适合怀孕、哺乳、减肥等处于不同状态的猫的综合营养食物。

同时饲养狗和猫的家庭,不可以给猫投喂狗粮。猫需要摄取的蛋白质是狗的两倍。狗体内能够自行生成牛磺酸等营养素,猫需要通过食物补充。请给猫喂食适合它们的猫粮。

57 选择猫粮时有哪些注意事项？

不要因价格便宜而选择一款猫粮，有口碑、品质优良的品牌才能让人放心。

请参考以下建议选择猫粮。

- **尽量避免添加物**
  不需要过度在意添加物，但应该尽量选择配方原料简单的猫粮。
- **选择优质品牌的猫粮**
  作为宠物粮，它们有着悠久的历史和口碑，也会基于营养学和医学进行猫粮开发。猫粮的进化会让猫更长寿。
- **不要因价格低廉而选择**
  配方十分重要，请仔细检查。有关添加物的弊端还有很多尚不明确的部分，选择没有添加物的猫粮会更令人放心。

猫粮产业一直在发展，品牌方在产品的开发阶段会收集各种意见并进行改良，然后再推向市场。因为付出了这样的努力，产品的品质稳步提升，粗劣产品逐渐减少。

58 每餐的猫粮分量有标准吗?

**一次不要喂太多，要少量多次地喂，
不要让猫空腹的时间过长。**

猫是无法忍受饥饿的动物，如果进食的次数减少，空腹的时间就会变长，会因此增加单次的进食量。明明主人已经提供分量合适的食物，猫却还是想要更多的食物。这样身体容易堆积脂肪，变得肥胖。

主人应该减少每餐的喂食量，增加喂食的次数。一天喂食3次以上是标准做法。年龄较大或因疾病而导致消化功能减退的猫，少量进食能够减轻其消化系统的负担。

虽然增加喂食的次数没有问题，但每餐务必要保证适量投喂。比如，如果每天喂食4次，每次喂的量应该为一天总食量的 $1/4$。以此为参考安排猫每餐的分量吧！

一整天不在家的单身饲主可能无法做到让猫少食多餐。目前，市面上也有在规定的时间提供固定量食物的自动喂食器，单身饲主可以考虑使用。

59 食物分量必须要严格称量吗?

目测食物分量容易产生误差,导致猫变胖。

错误的喂食方法会导致猫变得肥胖。你是否还在目测每餐的喂食量呢?

微小的误差不断累积起来就会导致热量超标。增加喂食的次数,称量每次的喂食量或许十分麻烦,但是,为了猫的健康,请严格操作。

猫六至八成的活动时间都用于寻找猎物。因此,长时间放置食物从猫的行为角度来讲也会产生不良影响。

在应该进食的时间提供食物,能够刺激猫的进食本能,让猫产生"好香的味道!""从哪里飘来的味道?""找到食物了!"等想法。

有时候也可以使用在玩耍时突然掉出食物的玩具。

顺带一提,猫在进食时偶尔会从食盆中掉出食物,这单纯是因为看不见。猫会循着气味将脸靠近食盆中的食物,进食时会发出声音,但很难注意掉出的食物。

60 干猫粮和湿猫粮有何不同?

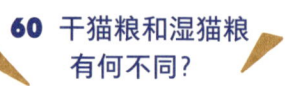

干猫粮和湿猫粮的区别在于水分含量不同。
两者各有利弊。

综合营养食物、普通食物、零食都有干性和湿性两种类型。湿猫粮多为罐头或餐盒,有肉泥和碎肉等,可供选择的种类十分丰富。

干猫粮和湿猫粮最大的区别在于水分含量。干猫粮的水分含量为10%左右,而湿猫粮则有近80%的水分(也有处于两者之间的类型,被称为软性干猫粮或半湿性猫粮)。

下面我们来看一下这两类猫粮的优点和缺点。

> **干猫粮**
> ● **优点**
> 能够一直放置
> 不会污染食盆周围
> 不易形成牙结石
> 能够长期保存
> ● **缺点**
> 无法从食物中获取水分
> **湿猫粮**
> ● **优点**
> 能够从食物中获取水分
> 味道很好
> ● **缺点**
> 无法一直放置
> 无法调整喂食量

Q&A 猫与食物

61 干猫粮和湿猫粮哪种更好？

喜欢哪种食物要看猫的喜好，近期研究发现，猫的喜好和食物的形状也有很大关系。

很多人都会问：干猫粮和湿猫粮到底哪种才是最好的？

从结论来说，要看猫的喜好。猫会凭借气味判断是否好吃，容易散发香气的湿猫粮或许会更受猫的喜爱，口感也更易被猫接受。

其实，有实验表明，猫的进食喜好和猫粮的形状也有关系。面对成分相同、形状不同的猫粮时，比起圆形，猫会更倾向于选择锯齿形、三角形的猫粮。除口感外，猫还能感受到食物的视觉魅力（也有说法是猫粮的颜色对于猫来说毫无意义）。从这样的结果来看，猫喜欢哪种猫粮完全出于自己的喜好。

干猫粮

Q&A
猫与食物

62 猫喜欢什么味道?

猫能尝到酸味、咸味和苦味。它们喜欢脂肪，所以会吃鲜奶油。

猫的味觉器官能分辨出酸味、咸味、苦味，对甜味很迟钝，但因为喜爱脂肪，很多猫会吃蛋糕上的鲜奶油等脂肪较多的食物。如果出于玩笑而给猫喂食太多奶油的话，会致使猫咪摄取过量的糖分，引发糖尿病。原本猫就是因为不需要甜食才会对甜味迟钝的。

猫对于苦味十分敏感。它们能够迅速察觉肉类变质和对身体有害的食物的苦味。在宠物医院，让猫吃药也是一件异常辛苦的事。

猫的肝脏代谢能力低下，不能很好地解毒。猫容易呕吐、挑食也正是出于这个原因。母猫会传授给孩子辨别味道的方法，从而帮助它们减轻肝脏的负担。

喂食自制的猫粮时，要注意避免碳水化合物过量。

63 猫何时会明确对食物的喜好?

出生 6 周内投喂的食物会影响猫对食物的喜好。

出生 6 周内投喂的食物会对猫的喜好产生终身影响。

出生 1 个月后,从长出乳牙开始便可投喂离乳期食物。离乳期的食物基本是综合营养食物。

这个时期不应只喂一种食物,投喂不同味道和口感的食物可以有效防止猫咪挑食。但是,要避免将经常吃的食物突然换成其他的食物。这种做法会让猫产生压力,导致其出现呕吐或腹泻等。

有关改变食物种类的方法会在第 86 页详细解说。

64 猫经常吃相同的食物会感到厌倦吗？

频繁更换食物会让猫产生压力，尽量让它们吃相同的食物吧。主人应该根据猫的情况调整饮食。

有的主人可能会有这样的疑惑："猫每天都吃相同的食物，会不会感到厌倦呢？"其实没有必要频繁更换猫的饮食。综合营养食物、普通食物、干猫粮、湿猫粮……猫粮的种类十分丰富，主人偶尔会想尝试各种食物，但这样反而会给猫造成压力。

根据猫的成长阶段（从幼猫长到成猫），或是出于其他理由改变饮食时，应该先在现阶段的食物中混入两成新的食物。

待猫逐渐适应后，再慢慢增加比例，用1~2周的时间逐步完成替换。

再次强调一下，像前文中提到的那样，不要在一开始将食物全部更换。这种变化会给猫造成压力，导致其出现食欲不振、呕吐、腹泻等。

65 如何正确地保存猫粮?

**猫粮不要冷藏保存。夏季应选择能够
在两周左右吃完的猫粮。**

"猫一开始很喜欢吃这种猫粮,但是现在却不怎么爱吃了",大家是否遇到过这样的情况?猫的喜好是否发生了变化?

其实在你没有注意的时候,猫粮的质量可能已经发生了变化,因此猫会逐渐拒绝进食。

例如,大包装(2千克左右)的猫粮从开封到食用完毕,需要花费数日时间。如果不注意,将封口敞开,猫粮就会氧化、发潮。大体上主人应该准备1个月能够食用完毕的量。特别是在夏季,购入的猫粮应在1~2周内吃完。

春夏时节,主人应该避免将猫粮放入冰箱冷藏。因为拿出冰箱后其包装会结霜,导致猫粮品质下降。在食盆中长时间放置猫粮后再添加新的猫粮这种做法也不可取。

食用变质的猫粮会导致猫咪腹泻和呕吐。猫还可能因"不好吃"而变得食欲不振。

66 猫为什么最近食欲不振？

可以将食物稍微加热，增加香味，刺激猫的食欲。

如果猫的食欲减退，可以将食物稍微加热。

加热能够增加食物的香气，刺激猫的食欲。

猫的味觉不像人类那样发达，但嗅觉十分出众。比起味道，猫更注意食物的气味。

猫是肉食动物，原本以野生动物为食。动物的正常体温大约为38摄氏度。这样的温度对猫来说也是适宜食用的温度。

或许有人会因听过"猫舌[*]"这个词而认为猫不喜欢吃热的食物。当然，热气腾腾的食物，猫可能无法食用，但猫并不是只吃冰冷的食物。

[*] 意为"不能吃热食的人"。——译注

67 改善猫食欲不振的方法是？

对于没有食欲的猫，可以在猫粮之外投喂少量普通食物或零食，做出猫喜欢吃的味道。

除了加热食物之外，还能通过喂辅食改善猫的食欲。

例如，将煮好的鸡胸肉和鱼肉制成肉泥状（不打碎无法食用），添加到综合营养食物中，或是添加鸡肉和蛤蜊的汤汁，为主食增添不同的风味，提升适口性。

在综合营养食物中添加普通食物和零食也是可以的。虽然只喂食普通食物和零食会造成营养不足，但这些食物的味道却比综合营养食物好。因为添加了猫喜欢的食物的味道，即便是食欲不振的猫也会欢喜地食用。

Q&A 猫与食物

68 每天该喂猫多少零食?

猫很喜欢吃零食,但是喂食不当会导致肥胖,零食量应控制在一天的综合摄取量的 10% 以内。

猫零食主要有独立小包装干猫粮和液体、条状的湿猫粮(很受猫欢迎的"CIAO*酱"等),最近也出现了包装与综合营养食物相似的零食,请仔细确认包装上的标识。

零食的投喂量应该控制在一天的综合摄取量(摄取总热量)的 10% 以内。如果投喂了零食,应该相应地减少综合营养食物的分量。

* 日本的猫粮品牌。

其实，进行绝育手术后体重增加的猫有很多。这些猫为了减轻压力而想要吃零食，再加上主人过度投喂，从而导致变得肥胖。

> **零食的投喂量**
> - 一天的综合摄取量（摄取总热量）的 10% 以内

Q&A 猫与食物

69 如果只给猫喂零食会怎么样？

身体健康的猫如果以零食为主食，可能会生病。

不咀嚼便能食用，容易摄取水分，因此有主人将液体条状的湿猫粮作为高龄猫的主食。我经常能够听到这样的案例。

如果猫食欲不振，采取这种做法是可以的，但如果只是投喂猫喜欢的食物的话，则不可取。

前几日，我诊治了一只患有胆管肝炎（脂肪代谢异常）的 6 岁猫咪。询问主人后得知，这只猫咪从幼猫时期开始便只吃零食。或许主人认为只要进食就可以了，但这样会造成营养不均衡。

零食终归只是零食，请将它们作为综合营养食物的辅助食物投喂。

70 应该在固定的时间给猫喂零食吗?

不规律地投喂零食能够增强猫的免疫力。

如果猫的健康状况良好,可以偶尔投喂零食。例如,每周喂两次零食,可以打乱投喂的时间——某周连续两天投喂,另一周隔两天投喂一次。

让猫感觉"不知何时才有零食"是最重要的。打牌的兴奋感能够提升人类的免疫力,猫也是如此。"吃到零食了!"这种兴奋感也能增强猫的免疫力。

但是,有规律地投喂零食能够训练猫咪。例如,可以等猫学会"等一下"之后再投喂零食,这样猫就会因为想要吃到零食而学会"等一下"。

和猫视线相对,一边和它说话一边投喂零食,这样也能够和猫进行交流。

Q&A 猫与食物

71 猫粮可以自制吗?

自制猫粮不使用添加剂和防腐剂,所以更安全吗?

现在,越来越多的猫主人开始自制猫粮。如今的自制猫粮主要是煮鸡胸肉和白肉的鱼,不添加调味料,然后制成汤汁或是用搅拌器制成肉泥(为防止猫无法消化)等,仿佛餐厅的菜品一般。

有很多人都是出于"能够清楚看到使用的材料,不使用添加剂和防腐剂,很放心"的想法开始自制猫粮。但是,从营养角度来看,只投喂自制猫粮可能会造成爱猫营养不良。

例如,对于猫来说,"吃肉"不只是鸡胸肉,还包含内脏、血液、骨骼。这和吃市面上出售的肉有很大区别。

如果投喂自制猫粮,应该将其作为综合营养食物的补充,也就是视其为辅助性食物。

Q&A 猫与食物

72 自制猫粮的注意事项有哪些?

肉和鱼一定要做熟,特别是鸡肉。

或许有些主人认为"猫通过捕猎获取食物,应该让其像野生动物一样吃生骨肉"。但是,生骨肉并不好。生肉有可能携带沙门菌,猫咪食用后可能会出现剧烈呕吐和腹泻等症状,猫体内的菌群大量制造毒素,从而引发多脏器衰竭。特别需要注意的是鸡肉。以狗粮为例,生骨肉类的狗粮有 80% 检测出沙门菌,而食用这类狗粮的狗的粪便中有 30% 检测出沙门菌。

再次强调,市面上出售的肉类多为除去内脏和血液的制品,只是和猫在自然界中食用的肉相似,但完全不同。

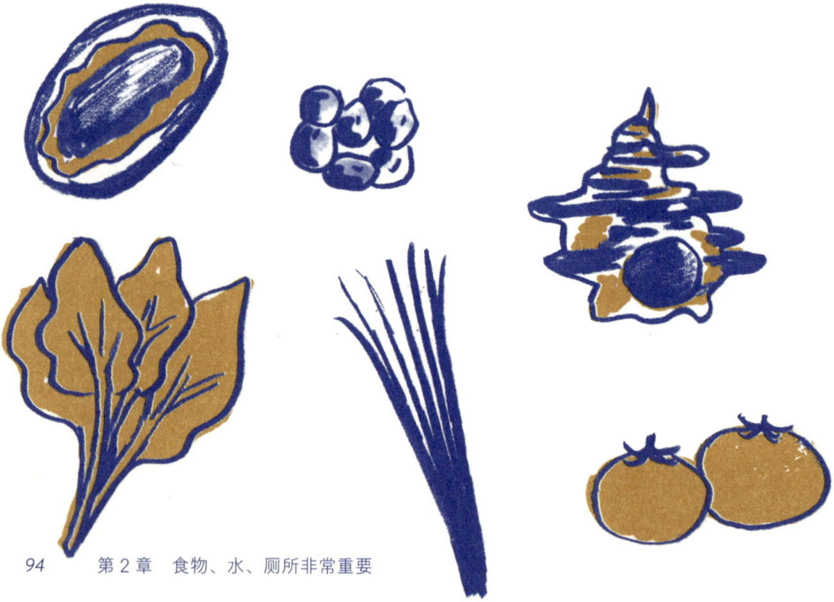

73 对猫有害的食物有哪些?

葱、洋葱、大蒜……猫绝对不能吃!

很多人都知道,猫吃葱类的食物会贫血。洋葱、大蒜、韭菜等食物中含有的硫酸化合物是导致这种情况发生的原因,并且经过加热后这种成分也不会分解。如果料理中加了葱,即便将葱取出后再投喂也可能导致猫咪中毒。

对于猫来说,大蒜比洋葱的毒性强 5 倍,少量摄入也会引起中毒。

除贫血外,症状还有流涎,呕吐,腹泻,心率、呼吸频率变快……从食用后到出现症状有 2~4 天的时间。

允许猫自由出入厨房的主人需要注意不要让猫吃到剩饭,或是接触到对其有害的食材。

> **对猫有害的食物**
> - 生蛋清(加热后可食用)
> - 鲍鱼、海螺
> - 未成熟的青番茄
> - 菠菜、菌类
> - 生土豆、洋葱、长葱、大蒜、藠头、韭菜
> - 巧克力
> - 咖啡因
> - 葡萄(包含葡萄干)
> - 坚果类

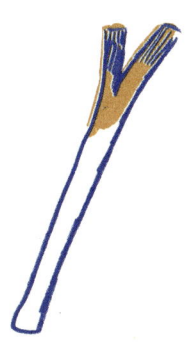

74 猫对牙膏很感兴趣怎么办?

虽然猫喜欢薄荷的气味,但木糖醇对猫有害!
此外,还要注意番茄的叶和茎。

猫喜欢薄荷的气味,对主人的薄荷味口香糖、薄荷糖、牙膏等物品很有兴趣。

让猫闻这类物品的气味并无问题,但请注意,绝对不要让其舔食。这类物品中含有的木糖醇对猫来说是十分危险的甜味剂。即便只是舔食少量的木糖醇也会引发低血糖,造成肝损伤,甚至导致死亡。

令人意外的是,猫还可能在家庭菜园中接触到有毒物质,例如番茄。有毒的并不是番茄的果实,而是它的叶和茎。猫咪一旦误食,会出现严重的腹泻症状。

猫会"玩弄"植物,让猫在庭院中玩耍的主人要注意这一点。如果不慎入口,请立即带猫前往宠物医院就诊。

猫与食物

75 为什么猫会如此喜欢猫草？

食用猫草从某种意义来讲是猫的爱好，健康的猫不食用猫草也能够吐出毛球。

猫十分喜欢猫草。作为肉食动物的猫为何会喜欢猫草？有种说法是，猫在胃部不适时食用猫草后可以吐出毛球。但真实的情况是怎样的？

其实并不存在猫草这种植物，广义上来说，猫草就是"猫喜欢的草"，它的正式名称是"燕麦"。猫十分喜爱猫草末端尖锐、细长的形状以及它的口感。

有些主人会担心"不食用猫草的话，会不会无法顺利吐出毛球"。如果是健康的猫，即便不食用猫草，毛球也会随粪便一同排出。猫草对于猫来说没有营养，食用猫草只是单纯的爱好。

无论猫咪是否食用猫草，主人都无须过度担心。

76 真的有猫在治疗疾病时吃的食物吗?

宠物医院会提供这种食物。这种通过食疗改善身体状况的食物也被称为"处方粮"。

在动物患有特定的疾病或出现某种症状的情况下,宠物医院会提供"处方粮"。宠物医生会对患病动物的饮食进行管理,目的是通过摄取食物减轻病症,预防疾病再次发作。此外,也有用来给猫减重的处方粮。

即便投喂处方粮,也需要逐渐替换现阶段的食物。

此外,让猫食用减少盐分的处方粮时,要注意普通食物和零食的摄取量。为了提升适口性,这些食物中往往加入了大量的盐。请和宠物医生充分沟通,遵从宠物医生的指导。

Q&A 猫与食物

77 猫食盆应该如何选择？

食物中毒、皮肤炎症……
塑料食盆会给猫带来不良影响。

食盆有划痕的话，细菌容易繁殖，特别是在夏季，食用长时间放置的食物会导致猫咪食物中毒。塑料食盆虽然很轻且容易清理，但也容易被猫挠坏或啃坏。

塑料制品中含有的双酚 A（BPA）会对活体造成不良影响。有些猫在接触塑料和橡胶等化学物质后会患上接触性皮炎等皮肤病。

请选择金属和陶瓷等材质的猫食盆。并且，每次清洗食盆后，不要忘记擦干水。

Q&A
猫与水

78 为什么猫不喜欢喝水？

根源在于猫的身体结构。为了让猫长寿而让其大量饮水，是为了迎合人类的需求。

进食和饮水这两点对于猫来说十分重要，这是理所当然的。

不吃饭、不喝水给猫带来的后果比其他动物更严重。有关猫的进食问题，已经在前文（第 76 ~ 95 页）中详细解说过，这里解释一下饮水问题。

有很多主人提及"我家的猫不太喜欢喝水，我很担心"。

猫不喜欢喝水是因为其祖先是在干燥的沙漠地带生活，这种说法十分可信。因此，猫即便没有大量喝水也不会出现问题。同时，猫的身体结构也保证了不会随尿和粪便排出超过必需量的水分。

让猫大量饮水或是在饮食中注重补充水分，是因为家猫维持猫原有的野生习性会无法长寿。这样做是为了迎合人类的需求。

79 猫一天的饮水量应该是多少？

**标准为每千克体重需要 30 毫升水，
体重 5 千克的猫每天饮用 150 毫升的水最为理想。**

猫一天所需的饮水量是多少？

标准为每千克体重需要 30 毫升水。例如，体重 5 千克的猫，每天应该摄入 150 毫升的水。

可以用以下方法掌握猫一天的饮水量。

（1）在水瓶中倒入 150 毫升的水，在各个水碗中注入水。

（2）通过水碗中剩余的水量来把握猫一天的饮水量。

如果气温较高，猫体内的水分和水碗中的水会蒸发，并且食物中所含的水分也无法计入饮水量。虽然不同环境下会有些许差异，但使用这种方法能够大致掌握猫一天的饮水量。

如果猫不喜欢喝水，可以投喂湿猫粮，利用食物来调节（也可以使用浸泡干猫粮的方法，但猫很注重口感，有些猫可能会拒绝进食）。

如果发现猫的饮水量不足，可以去宠物医院检查是否处于脱水状态。

Q&A 猫与水

80 给猫喂水时的注意事项有哪些？

每天都要换成新鲜的水，虽然看似寻常，但十分重要。

简单的喂水也有一些需要注意的事项。

- **每天更换**
  猫很喜欢新鲜的水。可以利用换水的时机清洗容器，保持洁净。
- **不要提供过凉的水**
  不要因为天气炎热就给猫提供冰水。过凉的水会让猫感到不适。
- **使用猫喜欢的水碗**
  有些猫因不喜欢胡子浸入水中而拒绝使用水碗。也有些猫只饮用桶等大型容器中的水。请找到猫喜欢的水碗。

市面上有宠物饮水机等水可以自动流出的设备，很受猫咪的欢迎，非常适合一整天都不在家的主人。

除了饮用主人提供的水之外，猫还会饮用各类生活用水。例如，含有盐分的煮蔬菜汁、花瓶中的水等对猫有害的水。注意不要随意放置这些水源，以免猫咪接近。

81 为什么猫喜欢喝水龙头流出的水?

有一种说法是猫很难看到水,但容易识别流动的水。

平时完全不喜欢喝水的猫对水龙头中流出的水很感兴趣。不停地伸出舌头舔流出来的水,还会用爪子撩拨……很多人都被这种可爱的姿态治愈了。

无色无味的水是猫眼睛很难识别的东西之一。猫会不小心踩进水碗之中也正是出于这个原因。

水龙头中流出的水会不停地流动,也会发出声音。如果下方有水池,流出的水还会溅起水花、反射光源,发出一闪一闪的光芒。因此,猫会意识到此处有水源。此外,不断变化的水流也会激发猫的好奇心。

82 猫的饮水处应该设在哪里?

应该将"猫的数量+1"的饮水处分散设置在食物的附近或是猫喜欢去的地点。

设置能够让猫积极饮水的饮水处十分重要。基本上应该设置"猫的数量+1"的饮水处。比如,饲养一只猫需要准备两处,而两只猫则要设置三处。

猫很爱干净,也是很自我的动物。如果设置的唯一一个饮水处无法获得猫的喜爱,猫会拒绝饮水。因此,需要多设置一个饮水处来解决这个问题。

此外设置猫厕所时也要采取相同的做法,但只设置一处进食处就毫无问题。

饮水处可以设置在食物的附近,也可以设置在猫经常停留的地方。但是,应该避免设置在下列地点:

- **厕所附近**
  猫会在意气味。
- **洗衣机或烘干机的附近**
  声音过大会导致猫无法安心喝水。

在猫选择了自己喜欢的饮水处后,如果其余的饮水处完全没有使用痕迹,可以撤掉。

猫与水 Q&A

83 为什么猫最近不太喝水?

猫容易出现脱水的症状,需要时可以用吸液管强制喂水。

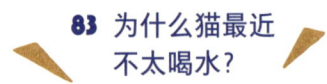

即便很少喝水也不会影响猫的健康,但饮水量过少会引发脱水症状。不仅在炎热的时节容易脱水,在寒冷的时节也很容易出现脱水的症状,这是猫独有的特征。

气温升高后没有喝足够的水,加上体内水分的蒸发,猫很容易脱水。

而在寒冷的时节,饮水会影响体温,因此猫会减少饮水,最终可能导致尿液变浓。

脱水症会引发排泄问题。夏季无法正常排尿的猫会增多,这是因为猫体内的水分在大量流失,而摄入的水量却完全不足。

尿液变浓会引发尿路(从膀胱到尿道的出口)疾病,这是猫的多发疾病,猫很容易患上与尿相关的疾病。

脱水的症状会在数日后出现,应该从疑似脱水的当天开始连续几日观察猫的状况。

脱水也会引发感染等其他疾病。如果发现猫几乎不喝水,必要时可使用吸液管来强制为其补充水分。

84 猫喝了很多水，应该可以放心了吧？

**猫咪饮水量过多也需要重视，
因为可能患有泌尿器官的疾病。**

其实，饮水量突然增加也并非好事。猫的饮水问题十分复杂。

过量饮水的猫有可能患有未被发现的疾病。激素异常、糖尿病、肾脏疾病……特别是肾脏功能恶化，可能导致猫体内的水分随尿大量排出，因此会大量饮水。

请格外注意猫是否有尿量多、饮水量增加等情况。

猫与厕所 Q&A

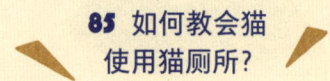
85 如何教会猫使用猫厕所?

猫能自己学会使用猫厕所。猫厕所应该避免放置在人流量大的地点，如盥洗室等。

你几乎不需要教猫使用猫厕所。在最初接猫回家的时候，应该和设置饮水处一样，准备"猫的数量+1"的厕所（猫砂盆），并让猫知道厕所的地点。在接下来的几天内，猫就会使用准备好的猫厕所。

如果饲养的是幼猫，在看到猫出现蹲坐、想要排泄的行为后，请将其抱至厕所的上方。

如果发现猫没有在放置猫厕所的地点排泄，这表明猫不喜欢这个地点，应将猫厕所移至别处。

我不推荐将猫厕所放置在盥洗室中。有很多主人出于打扫方便、位于房间的深处等原因，将猫厕所放在盥洗室中，但猫很讨厌洗衣机的声音。

此外，玄关等人流量较大的地点也会让猫无法安心排泄。应该将猫厕所放置在和人类出现的场所有一墙之隔且方便猫前往的地方。

猫厕所的推荐放置地点

（1）通风性好，容易散味的地方。
（2）安静、隐蔽的地方，如客厅的角落、人类厕所的旁边、台阶下方的空地、走廊的末端等处。为了让猫保持健康，应该观察猫排泄时的状态。所有人都能看到的地点是不合适的。
（3）二层楼的住宅，每层都需放置猫厕所。

86 猫每天有几次小便和大便才是正常的？

小便每天 1~2 次、大便每天 1 次。

成年猫平均每天小便 1~2 次，也有的猫是两天 1 次，但这样的频率过低。次数十分重要。

如果出现每天排尿 3 次或 4 次的情况，应该前往宠物医院检查尿的比重，也就是浓缩程度。

尽早进行尿检能够及时发现猫的肾功能问题或其他的疾病。

每天的平均次数
- **小便** ································ 1~2 次
- **大便** ································ 基本是 1 次

猫与厕所 Q&A

87 理想的猫厕所什么样?

猫很讨厌蹲下时屁股碰到边沿。"清洁"是基础中的基础。

除猫厕所的地点外,猫砂盆和猫砂的状态也会影响猫对厕所的喜好。首先谈谈猫砂盆的大小。

猫砂盆不可以选择与猫体型刚好相符的大小。和标记领地不同,猫在小便时是蹲下的。这时,猫会很讨厌屁股碰到边沿。这和讨厌胡须浸入水碗中是一样的。因此,有些猫会将前爪搭在猫砂盆的边沿上排泄。

是否在猫每次上厕所后都清除了排泄物?保持猫砂的清洁是基础中的基础。

主人只需清除猫砂中的尿团和粪便即可,猫砂盆应该一周清洗一次。容易附着排泄物的猫砂盆更要经常清洗。用水彻底清洗后保持干净的状态吧。

> **理想的猫砂盆尺寸**
> - 猫进入猫砂盆后能够转身
> - 在正中央蹲下后,屁股不会碰到猫砂盆的边沿
> - 不小于猫从头到尾巴末端的长度

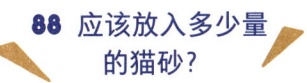 **88** 应该放入多少量的猫砂?

猫砂过少,猫就无法埋屎。猫会在意猫砂的触感。

猫的祖先曾在沙漠地带生活,猫当然也会喜欢在沙子上排泄,对于猫砂的触感也会很敏感。

多少量的猫砂比较合适?如果在排泄后无法完全掩盖排泄物,猫会逃避上厕所,或是拒绝埋屎。

此外,猫砂量过少会导致猫砂盆的底部容易变脏,以致主人不得不花费大量的时间清理。

猫砂的颗粒大小和触感应依照猫的喜好选择,如果能够改变尿和粪便的颜色就更好了。

在替换猫砂时,不应该一次性全部清空,而是要留少许的旧猫砂,逐渐替换成新猫砂。猫砂中有猫自己的味道,能够让其放心。

顺带一提,我的宠物医院会为住院的猫准备多种类型的猫砂。或是改变猫砂颗粒的大小,或是将报纸撕成很小的碎片以改变猫砂的触感,或是直接使用真正的沙子。

Q&A

猫与厕所

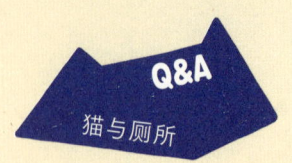

89 猫不上厕所怎么办?

猫不上厕所很有可能是压力导致的。

猫在厕所之外的地点排泄，主要有三点原因:（1）想要消除气味;（2）不喜欢当前的环境;（3）身体不适。家中是否出现下列变化?

- **来了客人**
- **迎来了新的宠物**
- **改变了猫砂盆的放置地点**
- **更换了猫砂盆或猫砂**
- **猫砂盆不干净**
- **猫砂除臭剂的味道强烈**

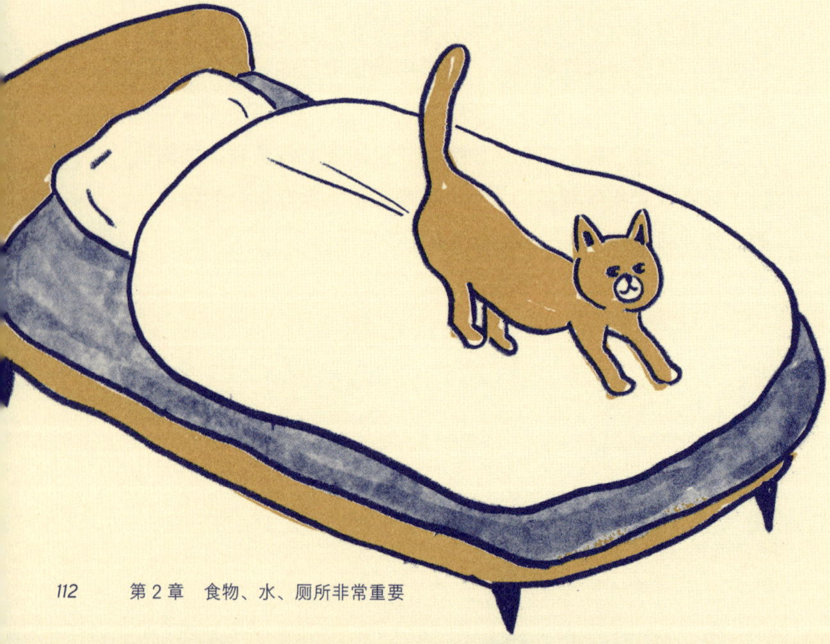

前文中曾提到，猫对环境的变化十分敏感。有的猫只要更换了猫砂，就会拒绝排泄。猫砂的形状发生改变、不喜欢猫砂夹在趾缝间等都可能成为猫拒绝上厕所的诱因。

如果是因为搬家等原因造成的环境变化，替换成之前使用的猫砂或相似的物品，这类问题就可以在两周内逐渐得到改善。

如果在客人的被子上排泄，则可能是因为想要清除陌生人的味道。

无论是哪种原因，根源都在于压力，一味地斥责猫只会导致状况恶化。在脏污处使用含酶洗剂或是喷上猫讨厌的柑橘型香味剂，可以避免猫再次在该地点排泄。使用猫信息素剂或是费利威（Feliway）等消除猫的不适感也十分有效。

90 高龄猫不去厕所是什么原因？

高龄猫出现随意排泄行为，可能是身体不适、视力减退或认知障碍造成的。

高龄猫在猫砂盆之外的地方排尿，可能是因为膀胱炎或认知障碍。由于不知道猫砂盆的位置，从而随意排泄。但是，只在夜间随意排泄则可能是因为视力减退，无法看清楚猫砂盆的位置。

高龄猫出现排尿困难说明可能罹患肾脏疾病或泌尿器官疾病。如果发现了相关症状，请尽快前往宠物医院就诊。

Q&A 猫与厕所

91 为什么猫尿会有很强烈的气味?

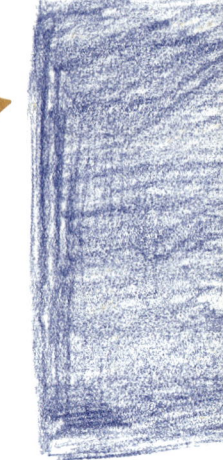

这是因为猫通过气味来显示存在感。在很高的地方标记气味,是在强调"我很大"!

很多人都说"猫尿的气味比狗尿更强烈"。尤其是在发情期。这是因为猫有"喷尿行为",这是一种标记领地的方式。

仔细观察,可以发现喷尿行为和常规的下蹲排泄行为不同,这时猫会抬起尾巴和屁股,在领地的最高处喷尿。这是在强调"这里有一只很大的猫"。

在家中也是如此,当领地中进入新的人或动物时,猫会因为在意领地而出现喷尿行为,这让很多主人感到困扰。

喷尿行为多发生在尚未绝育的公猫身上,这时猫尿的气味格外强烈。气味强烈意味着能够长期留存,能够加强其存在感。

Q&A 猫与厕所

92 与狗相比,猫的粪便更硬吗?

猫几乎不会摄入食物纤维和水分,因此粪便很容易干燥。

猫的粪便比狗的干燥。这是因为:(1)猫粮中很少含有食物纤维;(2)水分摄取得较少,要尽量避免将水分排出体外。

猫也很少排尿。前文曾提及,这是猫的祖先曾在干旱地区(有说法是埃及)生活的缘故。

顺带一提,鸟类在飞行时为了减轻体重,会在摄取水分和食物后迅速排泄。因此,鸟类粪便的含水量很高。

解决猫咪便秘的方法将会在第 6 章中详细解说。

Q&A
猫与厕所

93 猫的肛门腺会堵塞吗?

在肛门腺处发现球形的物体,就表明积存了分泌液。

在猫肛门横向 4 点钟或 8 点钟的位置有着气味袋一样的器官,这就是肛门腺。猫摩擦屁股,正是因为要用此处流出的分泌液来做标记。

因体质不同,分泌液会呈液状或膏状。此处通常会在排泄时受到压迫,分泌液随粪便一同排出。如果感染炎症,肛门腺会出现漏洞,无法排出分泌液。也有天生如此的猫。

触碰猫的肛门腺时,如果发现球状物,则表明可能积存了分泌液。如果长期积存,会引发炎症,严重时会引起感染、化脓、破裂。请定期为猫清理肛门腺吧。

94 如何清理猫的肛门腺？

肛门腺应该定期清理。如果担心做不到，请交给宠物医院。

下面告诉大家清理猫咪肛门腺的方法。

（1）将尾巴倒向头的位置。这样肛门会打开，容易发现肛门腺。

（2）使用拇指和食指逐个清理肛门腺。从左右两侧施力挤压。有时分泌液会喷溅，因此事先在肛门腺处覆上纸巾能够更好地清理。分泌液的气味非常强烈。

（3）擦拭屁股处的脏污。

这样肛门腺的清理便完成了。如果分泌液呈膏状且难以清理，请前往宠物医院。

在美国，猫的直肠检查是常规项目。几乎所有的兽医都掌握了在进行肛门指检时顺便清理肛门腺的技术。通过肛门检查能够发现肿瘤等病症，意义重大，但在日本却几乎没有这样的检查。

经常清理肛门腺的话一般不会出现问题，如果猫出现红肿或疼痛，请立刻前往宠物医院。

第 3 章

因过于可爱而让人在意的猫的习性

为什么猫的傲娇的性格并不惹人讨厌？
为什么猫的身体功能如此强大？
和猫一同生活对健康大有益处吗？

95 为什么单是抚摸猫咪就会感到治愈?

科学证明,这是毛茸茸的力量。触摸皮毛会分泌爱情激素。

触摸或抚摸猫咪是多么让人幸福的一件事啊!这其中的奥秘在于"皮毛"。

日本某大学的心理学研究实验表明皮毛具有以下的作用:

(1)每天抚摸、拥抱15分钟狗或猫这类毛发浓密的动物,能够让人感到治愈,缓解压力和减轻烦躁。

(2)不仅动物,抚摸皮草或毛绒玩具也能起到相同的作用。

这和爱情激素——催产素有很大的关系。人在充满幸福感时会分泌激素,触摸或抚摸猫的皮毛对人类而言很重要呢!

96 家人间的争吵是否对猫不利？

猫是家庭成员之一。因此，不要吵架。

有很多主人认为"猫是家庭成员之一"。

即便猫不是家人，也是团队中的一员。因此，家人之间的争吵会给猫带来很大的压力。

频繁争吵、大声斥责孩子，在这样的环境中生活的猫容易对他人产生攻击性。猫的行为可以反映出主人和整个家庭的行为。

如果经常处于压力之下，猫分泌压力激素的肾上腺会过度工作，容易出现腹泻和呕吐的症状。为了猫考虑，请珍惜生活中的和谐时光。

97 为什么会有的猫亲人,有的猫不亲人?

猫的性格会受到猫爸爸的影响。如果猫爸爸是亲人的猫,幼猫就会成为十分讨人喜欢的猫。

猫的性格很大程度会受到猫爸爸的遗传因素的影响。如果猫爸爸是亲人的猫,那么幼猫就会继承其性格,成为十分讨人喜欢的猫。

"猫妈妈十分亲人,但幼猫却会威吓我",我也遇到这样的案例。虽然和猫的成长环境有很大关系,但这可能是猫爸爸是十分神经质的性格导致的。

此外,猫出生后 8 周时间内建立的和人类的关系也会对其以后的性格产生影响。在这段时间里,是否能够尽可能地多和人类接触十分重要。每天和人类接触 15 分钟以上的幼猫对人的戒备更少,更容易成为讨人喜欢的猫。

在幼年时期没有不愉快的经历,特别是和喜爱动物的人接触的机会较多,会大幅增加猫亲人的概率。猫能够清楚地分辨一个人是否是亲猫派。

98 绝育后的公猫们会和睦相处是真的吗?

**绝育后的猫也会保持两性差异。性格会变得稳重,
即便同为雄性也能够变得亲密。**

有关猫的性别有一项很有趣的研究。

绝育后的雄性家猫:(1)性格变得稳重,打架减少;(2)不挑剔同伴,雄性之间也能够变得亲密。

这是绝育后控制攻击性行为的睾酮的分泌受到抑制的缘故。野猫的情况有所不同,雄性之间为争夺雌性而处于敌对关系,不可能变得亲密。从这一点来看,十分有趣。

此外,绝育后的母猫会不分性别地挑剔同伴,和所有人都保持距离。

有关为何会出现这样的差异还存在很多不明确的部分,但大家觉得事实是否如此呢?

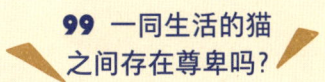

99 一同生活的猫之间存在尊卑吗?

猫是独居生活专家。如果几只猫在一起生活,
先来的猫更有优势,但几乎不存在尊卑之分。

野猫会在出生约半年后离开母亲独自生活。只有极少数的猫会有群体生活,猫基本上一生都是单独行动,雄性和雌性一同生活的情况极其罕见。

但是,室内饲养的猫咪的情况会有所不同。因主人的原因,不少猫不得不和其他的猫一同生活。

那么,一同生活的猫之间会存在尊卑关系吗?

有关这一点可以确认,事先确立领地的原住民会处于优势地位。

但是,在双方并非处于完全势均力敌的情况下,几乎不会发生打架行为。对手如果是年长的猫或是年幼的猫,会一定程度上"包容"对方。

此外,在罕见的野猫群体中也能够看到群体中最弱小的猫或幼猫先吃到食物的现象。

猫不会特别在意同类之间的地位。

100 花纹不同的猫性格也会不同吗?

花纹不同是否会导致性格差异尚不明确,但性别不同会导致性格差异。

猫的花纹种类不同会导致性格差异吗?

美国一所大学进行调查后表明:三花猫、奶牛猫、灰白猫这三种花纹的猫较其他花色的猫更容易对人产生攻击性。

同时还有这样一项调查*。在对1432名猫主人进行网络调查后发现,很多人认为橘猫更加亲人。

有关猫的花纹和性格的关系有很多不同的解释,很难判断其准确性。但是,性别和性格的关系却很容易明确。

一般来说,雄性喜爱玩耍、和人撒娇,性格较为亲和,容易和其他猫相处。而雌性较为任性,充满神秘感,很少能够和其他猫友好相处。

在此基础上思考花纹和性格的关系的话,橘猫从遗传性来看大约80%都为雄性,因此会给人亲人的印象,而三花猫几乎都是雌性,会让人感到具有攻击性。

从个人来讲,无论哪种花色的猫我都很喜欢,大家是怎么认为的呢?

---

* The Relationship Between Coat and Aggressive Behaviors in the Domestic Cat (2016年)刊载。

101 捏住后颈处，猫就会变乖吗？

被母猫衔在口中时，如果不保持安分则可能掉落，从而被敌人抓住。

猫被捏住后颈处后会变得安分，这是猫幼年时期遗留下来的习性。

被敌人袭击时，母猫会立刻衔住幼猫的后颈逃跑。这时如果幼猫挣扎便会掉落在地，从而被敌人抓住。这是有关猫被捏住后颈处后会变得十分安分这种说法的力证。

动物的后颈是能够反映其身体状况的部位。如果猫处于健康的状态，后颈皮肤被拉扯后能够立刻恢复原状，而出现脱水症状或是患有疾病时，皮肤被拉扯后则会恢复缓慢。使用这种方法很容易就能检查出猫的异常状况，尝试捏起猫后颈处并立刻放手，如果恢复原状的时间较长则需要特别注意。

Q&A

猫的习性

102 猫脸上为什么会带疤?

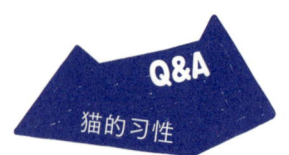

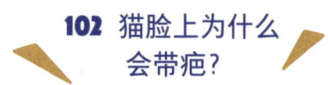

打架的伤痕能体现猫的性格。
猫面部的伤疤是正面战斗的勋章。

有些猫因与同类争斗而受伤，从这些伤疤能够看出其性格和战斗姿态。

面部附近的伤疤是正面迎战的“勋章”。这或许是只性格刚强的猫。

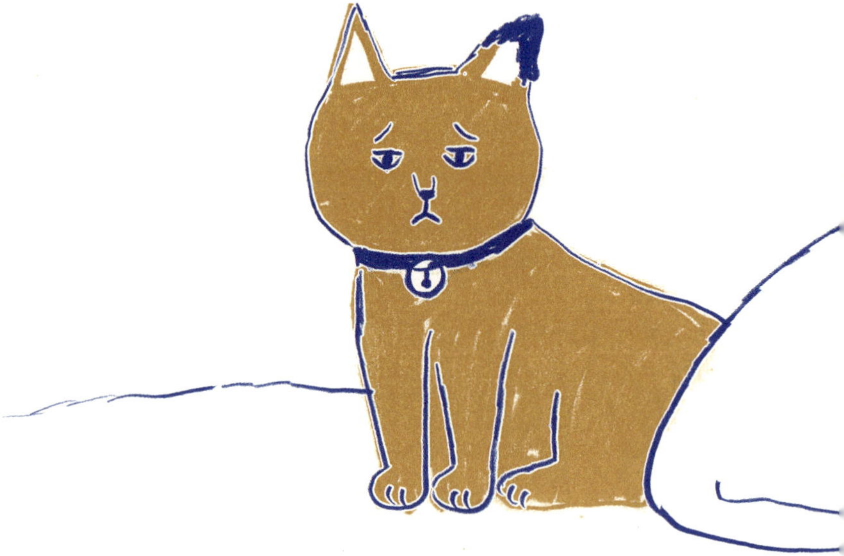

在漫画或动画片中，经常有面部带伤疤的猫首领形象，这并不完全是错误的。

猫屁股附近受伤，很可能是在逃跑时被对手弄伤。勇敢地面对强大对手后，发现无法战胜，只能逃跑了事。

猫的爪子十分锋利，被抓伤后很容易出现化脓的情况。即便看起来并不严重，也应该尽早治疗。

特别是和野猫打架后，家养的猫会有感染猫艾滋病的风险。

除打架受伤外，猫还面临着遭遇交通事故的风险。不仅居住在市中心的猫主人应该在室内养猫，居住在乡村的猫主人也应该室内饲养。

103 为什么猫不喜欢洗澡?

皮毛沾湿后,猫的体温会下降。
爪子被触碰的频率也会增加。

"猫不喜欢洗澡"和猫毛的结构有一定关系。

猫毛有两种类型。一种是绒毛,生长在内侧,柔软、蓬松,有维持体温的作用;一种是生长在外侧的护毛。护毛比绒毛硬,主要作用是保护皮肤。

无论哪种类型的猫毛,其共同的特征是一旦变湿就很难干燥。猫对体温变化十分敏感,极度讨厌体温降低,因此会讨厌洗澡(淋湿)。此外,洗澡时爪子被触碰到的频率会增加,这也是猫不喜欢的事。

顺带一提,猫毛十分蓬松是因为一个毛孔中会生出好几根毛(有的猫一个毛孔中会生出 6 根毛)。

有人可能会想:"猫有这么多的毛,夏天不会热吗?"其实猫毛能够避免皮肤直接接触到热气,猫比看起来凉快。

104 长长的胡须会妨碍猫的行动吗?

胡须是精巧的探测器,绝对不能剪掉。

猫的脸很小,胡须却很长,随风飘动,十分气派。但是,千万不能因为觉得胡须非常碍事就将它剪掉。虽然胡须会因生长更替、与其他猫打架等原因被折断,但人工干预会导致其作为"触觉雷达"的平衡崩坏。

猫的胡须十分纤细,甚至能够捕捉空气的流动。胡须根部遍布感觉神经和血管,末端感受到触碰后会向大脑发出"发现事物"的指令。

猫的胡须会因不同状况而出现下列变化。请在有客人时确认猫的胡须是否和平常的位置有所不同。并且,除脸颊处外,猫眼睛上方和前爪关节附近生长的毛也是胡须的一种。

> **胡须的位置表达了猫的心情**
> - **向下**
>   安心,放松
> - **横向伸出**
>   紧张
> - **向后侧靠近**
>   更加紧张
> - **向前伸出**
>   展现兴趣或有所戒备
> - **向上**
>   感到恐惧

猫的习性 Q&A

105 猫为什么会发出呼噜声？

虽然现在仍未探明发出这种声音的构造，但呼噜声有治愈的功效。

和猫玩耍过的人或许听到过猫发出"咕噜咕噜"的声音。这也被称为猫的"b-box"。人们普遍认为这是震动喉咙深处的某个器官发出的声音，但其发声构造其实尚未探明。这是多么不可思议的事啊。

猫发出这种呼噜呼噜的声音是因为：（1）心情很好；（2）让情绪稳定。

对于猫来说，去宠物医院并非是日常的事情，在进行身体检查时，有很多猫都会发出"咕噜咕噜"的声音。猫在出生2周后开始发出声音，主要频率在 25～150 赫兹之间。

近年来，人类开始注意到猫发出的"咕噜咕噜"声所拥有的治愈功能。某项试验*表明，猫为了加快伤口愈合、缓解肌肉紧张、稳定血压、降低心脏病发作的概率，会发出这种声音。而这种声音对于人类也能够起到相同的效果。

此外，还有研究表明，比起饲养其他动物的人，养猫的人患有心脏病和脑梗死的概率更低。

---

* 根据美国举行的第二次国民健康和营养检查调查死亡率追踪调查（2009年）。

106 猫会记仇吗?

打过一次针后，再次来到医院会表现出害怕的样子。
猫的记忆力十分出众。

日本的怪谈中经常会出现"妖猫"。

猫为了报仇雪恨而幻化成妖怪……看起来猫的记忆力十分出众。

确实，猫的记忆力非常好。它们能够识别主人的声音，这也是记忆力好的证明。

它们不仅能够认出经常来访的主人的朋友，也会记得在自己的领地中处于优势地位的外来猫。虽然猫的记忆是以气味为中心，但也有关于声调和动作的记忆。

它们也会牢牢记得不喜欢的人对自己做的讨厌的事。有的猫会记得我在检查时为其注射疫苗的行为，再次来到宠物医院时会表现得十分害怕，随时想要逃跑。

不知何时就会出现在背后，很多人对猫的这种神秘行为以及神奇能力感到"恐惧"。日本的怪谈中"妖猫"的形象或许也是来源于此。

107 养猫家庭的孩子较不容易生病?

**养猫能够降低孩子患病的概率,
还会增加肠道细菌。**

"饲养动物会不会导致孩子过敏或是患上哮喘?"有很多家长都会担心这个问题。

其实,有研究*结果表明,饲养猫狗能够降低孩子患病的概率。

在美国,2岁前就和猫狗同住的孩子较不容易患上过敏症。在宠物行业的发达国家——美国,"妊娠期间应尽量避免饲养猫狗"这种观念正在逐渐改变。如今,有些专业人士甚至会推荐"生育孩子后饲养猫狗"。比起幼年时期在过度洁净的环境中成长,接触动物们携带的细菌能够增强免疫力,降低过敏的概率。

肠道内细菌较多的人的免疫力更强。有数据表明,饲养宠物的人比没有饲养宠物的人肠道内的细菌数量更多。虽然猫狗携带杂菌,但也能够增加人类肠道内的细菌,人类可借此提升免疫力。

* 2002~2005年,芬兰的研究者以397名儿童为对象进行的一项调查。

猫的习性 Q&A

108 养猫有益心理健康？

**孩子在感到悲伤时，
和宠物在一起会更加平静。**

随着宠物相关研究的推进，我们能够确认宠物对人类有很多有益的影响。接下来介绍一下宠物在心理层面给孩子带来的益处。

- **PTSD（创伤后应激障碍）的应对**
  和动物一同生活很难陷入 PTSD。在经历了令人恐惧的事之后，比起和家人、朋友在一起，和动物在一起能够更好地平复内心。
- **责任感、共情力**
  从孩子幼年时期开始让其接触动物，能够培养他们的责任感和体谅他人的意识。饲养动物的孩子的认知能力、社会性、运动能力发展更快。

作为童年伙伴，请一定考虑让孩子和猫或狗一同生活。

猫的习性 Q&A

109 上了年纪也能养猫吗?

和"善变"的宠物一同生活,能够有效降低高龄者运动不足和患认知障碍的风险。

最后,我们来看一下猫和高龄者之间的关系。

有研究结果表明*,没有饲养宠物的高龄者在配偶去世后,前往医院的次数会有所增加,而与此相对,饲养宠物的高龄者去医院的次数和以往相比并没有太大的不同。

和动物视线相对也颇有意义,因为由此可以认识到"自己是被爱着的"。

虽然猫不会像狗一样需要每天和主人一同散步,但和宠物一同玩耍能够在一定程度上弥补主人的运动不足。

看到猫每天不断变化的姿态,每天展现的不同表情、动作,对于人类的大脑也有积极的刺激作用。

虽然日本的社会环境对饲养宠物的高龄者并不友好,但宠物预防认知障碍的作用也受到瞩目,和宠物一同生活有很多有益之处。

希望今后:(1)和高龄者分开生活的家人能够承担责任;(2)人类的健康保险能够使用在动物身上;(3)主人去世后,猫能够得到妥善照顾。

* Serpell J.A. 养宠物对人类健康状况的影响。

关于"饲养宠物后感到非常不错"的调查结果

[美国密歇根大学以50~80岁的宠物主人为对象进行的调查（多选）]

- 减轻压力 ·· 79%
- 有目标感 ·· 73%
- 和他人有联系 ····································· 65%
- 活动量变大 ······································· 64%
- 身体和心理的状况转好，得到帮助 ············ 60%

第 4 章

想要和猫一起生活

应该何时、从何处接猫回家?
是否应该为猫注射疫苗、做绝育?

110 应该从何处接猫回家?

如果决定养猫，可以考虑去动物收容所领养这个选项。

在日本，如果有人和我说"想要养猫"，我会推荐从动物收容所领养被救助的猫。动物收容所是捕获流浪猫或是从保健所接收及保护猫咪的场所。在这里生活的猫被称为"救助猫"，很多动物收容所都是由当地的志愿者和NPO（非营利组织）机构运营的。

很多人在宠物商店和猫视线相对后，不由得想要饲养。但是，幼猫的性格很难辨明，通过在宠物商店的短暂接触无法了解其真正的性格，可能等真正饲养后才发现和之前想的不同（推荐抱起来时不会抗拒的猫，如果发现猫流眼泪，多半是因为感染）。

动物收容所会定期举办领养会，在那里有很多和猫接触的机会，你可以在和猫玩耍的过程中确认猫的性格，也可以和性格已经形成的猫接触。

虽然流浪猫会给人一种不亲人的印象，但也有很多习惯良好、已经完成绝育手术、性格亲人的猫。请大家一定要多多考虑领养它们。

Q&A
迎接猫

111 日本有哪些猫的救助活动?

欧美有很多救助猫咪的活动,
日本领养救助猫咪的人也在逐渐增多。

欧美有很多猫咪救助活动,领养动物收容所的猫狗是十分寻常的事。在日本,反对扑杀猫狗的呼声日益高涨,近年来领养救助猫狗的人正在逐渐增加。

此外,还有救助流浪猫、帮助其完成绝育手术并在当地守护它们的活动。这种被救助的猫被称为"地区猫"。

如果猫的一只耳朵上有V字形的缺口,或是耳朵上方缺失一块,则表明这只猫已经接受过绝育手术。这是为了防止流浪猫多次被捕获、绝育的标记。因地区不同,标记的形式也会有所差异。因此,也可能出现在其他地点被捕获的猫被再次实施手术的情况。

112 60岁后想养猫，应该怎么办？

最好是和孩子一起，由孩子领养，父母负责照顾。

很多人在想到老后的生活时会憧憬和宠物一同生活。但是，也有很多人担心"如果生病无法照顾宠物怎么办？""如果主人先宠物一步离世怎么办？"因此，有很多动物收容所拒绝让60岁以上的老人领养宠物，或是以防万一，领养时需要主人和保证人一同在场。

这个问题也有解决方法，那就是父母和孩子一起领养宠物。"觉得高龄的父母独自在家十分寂寞"，便将自己饲养的猫交由父母照顾，最近，这样的情况逐渐增多。这种情况下，如果父母去世，孩子会继续承担饲养的责任。

前几天，有一位70岁左右的女性带着自己刚开始饲养的猫来到宠物医院。据说这位女士之前养过狗，她说："女儿说不养猫不行啊。我第一次养猫有很多不知道的事。猫和狗不同，真的完全不找人啊"，一副兴致勃勃的样子。和宠物一同生活，也会给我们带来新的乐趣。

113 万一主人发生不测，猫怎么办？

即便主人步入高龄，也要创造能够一起生活到最后的环境。

任何人都可能遭遇配偶先行离世，只能独自度过人生后半程的命运。如果有委托人尚可，万一遭遇不测，饲养的猫应该怎么办？我们来思考一下这个问题。

或许找到一家能够和宠物一同入住的养老院是个不错的方案。

在美国密苏里州，有家名为"老虎之地（tiger place）"的养老院接受老年人和宠物一同入住。这是大学、医疗机构、民营企业共同运营的项目。在日本，允许和猫一同入住的高龄者机构也在逐渐增多。

如今日本也有非营利组织运营的接收宠物服务。只要存入一定的金额，便能够帮忙寻找新的主人，找到新主人前还可以帮忙饲养宠物。

因主人突发疾病，或是因主人入住养老院而无法饲养宠物的案例非常多。即便是委托他人帮忙照顾，被委托人也不得不承担饲养费用。因为涉及金钱方面的问题，请提前考虑万一发生不测之后的事吧。

114 是否有方法能够预测幼猫会长到多大?

幼猫的体重 ×8，即其成年后的大致体重。

领养幼猫后，预测其成年后的体重十分重要。猫的品种有很多，出现超出预测体型的猫也不奇怪。预测猫成年后的体重关系到猫厕所和猫窝的选择，并且实际一同生活后，现有空间过于狭小的话，也会给主人或猫造成压力。

猫的成长期从出生后 6 个月开始，到 12 个月为止，这时的体重就是今后的理想体重。

12 个月时的体重大约是出生后 8 周时体重的 8 倍，基本是可预测的。

宠物医院在判断救助的猫的年龄时，首先会观察牙齿的状态。乳牙已经替换到怎样的程度？恒牙已经生长到怎样的程度？这些都是判断的标准。

此外，通过观察肌肉的状态（是否良好）、皮毛的状态（是否有光泽）、眼睛的状态（是否浑浊），也能判断猫的年龄。

115 有永远不会亲人的猫吗?

即便无法抱着猫,但和猫咪间的信赖和情谊毫不逊色,这也是一种相处之道。

在第一次饲养救助猫的主人当中,很多人会担心"与宠物店的猫相比,被救助的猫的性格会不会很差""饲养这样的猫会不会很难"。

这些问题基本上不需要担心。正如前文中提到的那样,救助猫中有习惯和人类相处的猫,有习惯良好且亲人的猫。

比起猫的性格,更重要的是猫和主人是否合拍。如果在领养会上抱起猫时被它强烈抗拒了,即便强行领养也无法构筑起良好的关系。请认真确认自己是否和这只猫性格相投。如果猫会威吓人,短时间内无法适应的话,需要多次和猫接触。

有主人表示"最后这只猫也没有趴在我腿上""不让我抱"。但即便这样,也想要救助一只猫,想对其倾注爱心。这样的主人十分出色。

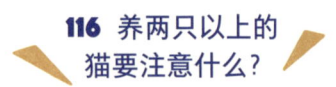

116 养两只以上的猫要注意什么?

空间隔离十分重要。对于猫来说独立空间会很奢侈?
不,这是和谐生活的诀窍。

饲养两只以上的猫时,请提供能够让它们分开居住的空间。一只在客厅,另一只在卧室,每只猫都有自己的房间是最理想的。也有将能够换气且进出自由的衣柜当成专属空间的猫,请放心。

在拥挤的场所生活对于猫来说压力很大。在狭小的空间中形成群体,会导致互相争夺猎物,对于生存很不利。因此,猫习惯独自生活,并会为不侵犯各自的领地而做记号。观察猫的生活方式,我们就能明白这一点。

117 如何让旧猫和新猫友好相处?

新猫和旧猫的性格是否相投?
请活用能够让其友好相处的信息素疗法。

在有旧猫的情况下迎接新猫,最初的阶段最为关键。

1. 最初的两周将新猫放入笼中,让旧猫闻其气味。

2. 旧猫适应其气味后,将新猫放在旧猫不常活动的房间中。不断扩大新猫活动范围,逐渐打消彼此之间的敌意。

如果两只猫性格不合,可以用擦拭过新猫的毛巾擦拭旧猫,通过这种方式让它们熟悉彼此的气味。

这样也没有效果的话,可以使用"费利威"的信息素疗法。费利威是基于猫脸颊处分泌的信息素开发的产品。它能够给予猫安心感,抑制其异常行为。

这类产品从让猫认识到信息素、减轻压力、改变行动,到出现效果需要花费两周左右的时间,其间请关注猫的状态。

如果这样还是没有效果的话,或许并不是猫咪性格的问题,而是室内环境存在问题。请立刻确认猫厕所、饮水处等的设置是否有不妥之处。

118 同时养两只猫很辛苦吗?

养两只猫,花费的精力就是双倍的吗?
意外的是,养多只猫也有优势。

在动物收容所或寻找领养人的活动中认养猫咪时,不妨考虑一下将它的同胞兄弟姐妹(由同一只母猫所生)一同领养回去。

"养两只猫会辛苦加倍!"不是的,养两只猫并不需要花费双倍的精力,有很多主人认为"反倒很好照顾"。

和已经完成社会化的同胞兄弟姐妹一同成长,一同玩耍,精神状态也会很稳定。

这样的猫可以更快地适应和人类以及其他动物相处,出现的问题反而会减少。

119 猫需要室友吗?

如果有同居猫，高龄猫会变得充满活力，患认知障碍的概率也会降低。

不仅限于同母所生的兄弟姐妹，共同生活的猫咪伙伴也能大大改善高龄猫的身体状况。

特别是近年来猫的高龄化逐渐成为常态，猫患上认知障碍的案例有所增加。但是，如果有一同生活的猫的话，高龄猫便难以患上这种疾病。此外，也有案例表明，有"室友"的高龄猫不易患病、食欲较好。

在我实际接诊的案例中，有的猫会在夜晚大声地叫，在同一地点不断徘徊，而在新的猫咪进入家门之后，它便立即停止了这样的行为。

120 猫接种疫苗的相关事项有哪些？

因接种疫苗而避免性命之忧的案例有很多。了解得越多就越会发现疫苗的重要性。

猫接种疫苗后能够拥有对抗感染的免疫力。建议猫咪接种以下三种疫苗（猫三联）：

- 猫鼻支（传染性鼻气管炎）
- 猫杯状病毒
- 猫泛白细胞减少症（猫瘟）

没有接种过疫苗和接受过医疗护理的猫的平均寿命不到 6 岁，而接种疫苗后，完全室内饲养并进行预防和驱虫等医疗护理的猫的平均寿命为 17 岁。通过一点，大家就会明白疫苗的重要性了吧。

也有人会说："我的猫已经是完全室内饲养，应该没有必要接种疫苗了吧？"可是，除主人之外，家中来访者的衣物上可能附着细菌，鞋底可能踩踏了排泄物，将传染源带入家中是很难避免的。

即便是室内饲养，为了预防万一，也要尽量接种疫苗。

121 猫应该何时接种疫苗?

第一年接种的疫苗能够代替来自母猫的抗体。
这也是主人赠予的礼物。

以"猫三联"为例,应该在猫咪出生后的 16 周内接种数次,并在半岁到 1 岁时接种加强针。

这样做的理由如下:刚出生的幼猫通过母猫乳汁中含有的抗体对抗各类疾病。但是,随着不断地长大,其体内的抗体会逐渐减少,出生 3 个月后,抗体会消失。这时需要接种疫苗,让幼猫重新获得免疫力。

疫苗并非接种一次就可以了,后续还需要定期接种。正如前文提到的那样,如果在 1 岁之前接种了疫苗,后期只要每三年接种一次加强针就能够保持免疫力(注意:除"猫三联"之外的疫苗需要每年接种一次)。

日本并没有相关的法律规定猫必须接种疫苗,但为了守护心爱的猫猫,请一定要给它最基本的医疗护理。

122 疫苗对猫有副作用吗?

为了应对极少出现的副作用,
请在上午或下午早些时候接种疫苗。

我推荐在上午给猫接种疫苗。在解释这样做的理由之前,先说一下疫苗副作用的有关事项。

猫的疫苗和人类的疫苗相同。往体内注射没有毒性的病原体,形成免疫(抗体)。注射疫苗后,身体可能会产生和患病时相同的反应。

当然，实际上并不会真的患病，但也会有猫在接种疫苗后出现发热、精神萎靡的反应。这时只要让其稍微静养，几个小时后便会恢复原本的活泼。但是，也有极少数的猫会出现严重的反应。

其中最为危险的是过敏性休克。如果猫出现面部肿胀、呕吐等症状而没有获得及时处置，可能会有生命危险。这类反应多发生在接种疫苗后的30分钟内，所以在接种后不要立即回家，请在宠物医院观察30分钟，如出现相关症状，须立即就诊。

在上午接种疫苗十分有必要。在宠物医院即将关门时接种疫苗的话，万一出现严重的副作用可能无法得到有效的救治。即便上午没有时间带猫去接种，也应选择下午较早时间接种。

123 猫的绝育手术有哪些注意事项？

猫一生只做一次绝育手术，主人应该注重"清洁程度"，选择值得信赖的宠物医院。

除非想让猫咪繁殖或是猫需要特殊护理，否则请让猫接受绝育手术。绝育能够减轻猫的压力，预防疾病，让其度过健康的一生。实施绝育手术的时间多在出生后的6个月，以开始性成熟为标准。

接下来说一下发情的相关内容。猫并非一年中都在发情。其繁殖期为春季到夏季，会在1～3周的时间内多次发情。这个时期，在室外能够听到公猫为争夺母猫而打架的叫声，以及母猫处于发情期时特有的低沉叫声。

绝育手术是猫一生只会经历一次的手术，因此要慎重选择为其实施手术的宠物医院。判断医院是否值得信赖，关键在于考察医院的清洁程度。如果诊疗室和厕所是干净的，那么手术室及手术器械也多半是干净的。

吸入式麻醉给猫带来的身体负担较小，使用能够溶解的手术线的话，术后就无须进行拆线了。

母猫的手术部位

Q&A 迎接猫

124 猫应该何时进行绝育手术?

以首次出现发情期的时间,也就是出生后 6 个月为准。绝育可以降低猫患癌症的风险。

每两只猫中就会有一只患有癌症,这是让人震惊的数字。

绝育手术能够降低猫患癌症和其他疾病的风险。与其他动物相比,雌猫更容易罹患乳腺癌,在第一次发情期间,即出生后 6 个月之前进行绝育手术的话,能够大幅降低雌猫罹患乳腺癌的风险。

并且,实施绝育手术可以有效预防猫子宫蓄脓症(发情期结束后的 2 个月内容易出现,在我的医院中,秋季到初冬期间患有此症的猫咪会有所增加)。

有的雄猫天生睾丸没有落入阴囊,而是留存于腹腔内部。留存于体内的睾丸被体温加热,可能引发睾丸肿瘤,甚至会出现恶性转移的情况。

公猫的手术部位

Q&A
迎接猫

125 绝育后，猫的性格会有变化吗？

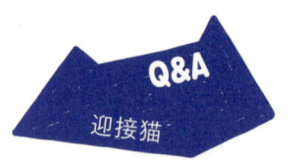

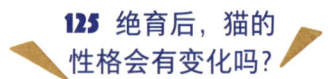

绝育后猫会变得安静，且术后容易发胖，需要调整猫粮。

经常有人问“做完绝育手术之后，猫的性格是否会发生改变？”虽然不知道是否能够视为猫的性格，但是绝育手术之后，大声叫唤、具有攻击性、在室内随意

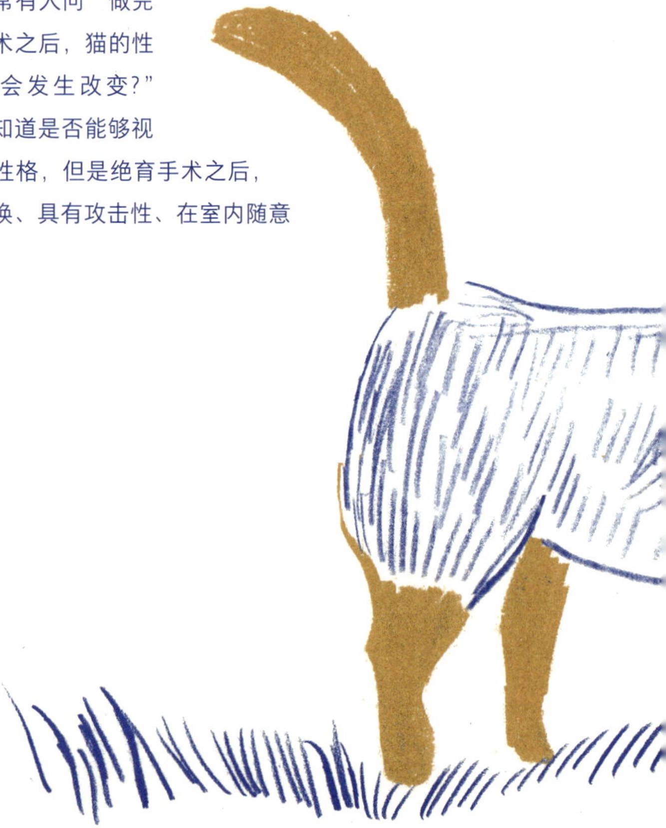

排泄等问题行为会有所减少。

有的主人觉得"猫咪原本很活泼,但绝育之后却不和我玩耍了",可是,如果不进行绝育手术,猫进入发情期后欲望无法得到满足就会感到有压力。在降低患病风险的同时,绝育手术还能让猫咪过上健康、舒适的生活,应该让其接受。

做过绝育手术之后的猫容易出现肥胖问题,需要格外注意。因为猫不需要维持生殖功能的热量,保持和之前相同的食量容易热量超标。为了控制绝育后的体重,可以选择低热量猫粮,请和兽医咨询后投喂。

第5章

猫咪也想轻松生活

采用正确的护理方式能够延长猫的寿命?
改变室内环境需优先考虑猫咪的需求?
过热或过冷的环境都不适合猫咪居住?
家中的危险物品有哪些?
春季如何防治跳蚤、虱子?
猫不会熟睡,而是长时间睡觉?
猫咪走失了怎么办?

126 猫喜欢被抚摸哪些部位?

猫咪喜欢被抚摸的部位有四处。
被触碰分泌信息素的地方后会十分开心。

实际上,猫很厌烦一直被抚摸身体,但是也有被抚摸后会感到开心的部位。

大家是否想将爱抚作为日常沟通的方式之一呢?

猫咪喜欢被抚摸的身体部位有四处:

- **下巴**
- **耳朵附近(包括眉间)**
- **胡须后侧(脸颊周围)**
- **尾巴根**

它们的共同点为都是信息素分泌腺集中分布的部位。分泌信息素并将其附着在别处是猫的本能,也是生殖行为,为了生存必须采取这样的行动。因此,猫咪在这样做时会感到心情愉悦并自发地做出这个动作。这可能就是为什么按摩猫咪信息素分泌腺集中的部位,会让它感到愉悦。

127 如何给猫按摩?

秘诀就是：想要再摸摸它的时候果断停止。

下面为大家介绍按摩的方法。

> - **下巴**
>   用四根手指从下往上轻轻地抚摸。
> - **耳朵附近**
>   用食指摩擦猫咪耳根和额头附近，如果猫没有表现出厌烦，可以使用大拇指和食指将其耳朵包裹起来摩擦。
> - **胡须后侧**
>   从后将双手放置在猫的脸颊处，用指尖摩擦、抚摸胡须的根部。
> - **尾巴根**
>   用手掌抚摸，可以轻轻拍打此处。

用指尖来回抚摸猫双眼中间（人类的眉心处）到头顶的部位，猫会感到十分开心。

如果猫患有牙周病和口炎，触碰下巴和胡须的周围会让其感到疼痛。如果猫表现出很抗拒的样子，应该立即停止抚摸。此外，香氛对猫有害，请避免使用。

128 无法顺利给猫剪指甲怎么办?

应该趁猫睡着时剪指甲。一天剪一只爪子的指甲，请迅速完成。

这里向不擅长给猫剪指甲的主人们传授一些秘诀。

不要试图一次剪完。趁猫睡着时，今天剪一只爪子的指甲，明天剪另一只爪子的指甲……像这样分成两天完成。如果因为剪指甲而让猫有了不好的感受，下一次剪会更加艰难。相信很多人都有过这种经历。一天只剪一只爪子的指甲的话，很快就能完成，对猫来说负担也很小。

经常有人问我："猫经常磨爪子，不剪指甲也可以吧？"但答案是否定的。磨爪子和剪指甲的目的并不相同。磨爪子是为了让指甲更加锋利，而剪指甲是去掉锋利的部分。这两种行为的目的是完全相反的。

2毫米以上

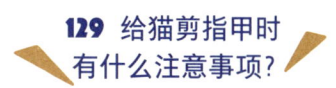

129 给猫剪指甲时有什么注意事项？

诀窍是只要剪掉少许锋利且尖锐的透明部分。
不剪指甲，任由其变长很危险。

下面为大家介绍给猫剪指甲的方法。猫的指甲并不像人的指甲一样需要修整形状，只要剪掉少许锋利且尖锐的透明部分即可。猫的指甲也有毛细血管，剪掉的部分过多会导致出血，剪掉距毛细血管2毫米的尖端处的指甲即可。这点需要注意。

用手指轻柔地夹住猫的脚掌，轻轻按压爪尖，让猫伸出指甲。如果因为"我不擅长剪指甲""猫咪很抗拒"而放任不管的话，猫指甲中的毛细血管也会变长，能够剪掉的部分会越来越短。注意，指甲过长也会给猫带来危险。

指甲刮到家具等物品而折断；因指甲过长挠破皮肤，感染了细菌，这样的案例并不少见。

如果在给猫剪指甲时，指甲、皮肤或爪垫处流血，应该彻底清洗，再将淀粉敷在出血处，这样能够止血（市面上也有剪指甲用的止血剂出售）。止血且猫的状况稳定后，请去往宠物医院。

Q&A 猫与生活

130 有必要给猫刷牙吗?

至少要隔一天给猫刷一次牙。认真刷牙,猫的寿命可延长 15%。

近年来,猫的口腔护理开始受到大家的关注。有研究表明,如果保持口腔清洁,猫的寿命可延长 15%。

人类可以通过牙周护理来预防各种因生活习惯导致的疾病,猫也如此。

猫的口腔环境为碱性,不容易形成蛀牙,但牙垢变为牙结石的速度却很快,大约只需要三天,所以至少隔天要刷一次牙。

野猫的食物基本是肉类,未经仔细咀嚼便会吞咽下去;而家猫主要以猫粮为食,口腔内部会残留细小且柔软的食物残渣,不护理的话会引发牙周病(尤其是在以湿粮为主的情况下)。

猫用舌头舔舐能够清洁牙齿内侧,而无法舔到的牙齿外侧则需要主人帮忙,完成口腔护理。

131 如何检查猫的口腔状况?

牙龈的颜色不对、口水多、口臭……
口腔问题有很多症状。

下面我们来试着检查猫的口腔状况吧。在猫的口腔中有很多疾病的蛛丝马迹。

- **口臭**
  有异常味道是患病的征兆。
- **翻开嘴唇,检查牙龈的颜色**
  粉红色代表状况良好。
- **触摸牙龈**
  适度湿润是健康的表现,口腔干燥则有脱水的可能。
- **检查口水量**
  口水非常多且有异味,可能是有口腔问题。

如果猫咪有上述情况,请去宠物医院进行检查。

在美国,有很多兽医会劝说主人每年为猫咪去除一次牙结石。近年,美国宠物猫的寿命大幅延长,这和家猫口腔护理的发展有很大关系。

132 猫不喜欢刷牙怎么办?

要从小培养习惯。使用湿巾或布,借助主人的手指给猫刷牙。

将牙刷放入猫的口腔内十分麻烦,我推荐大家使用专用的湿巾为猫去除牙垢。

将猫用刷牙湿巾卷在自己的手指上,摩擦猫咪牙和牙之间的缝隙(用牙刷很难清洁牙周袋)。可以使用含有牙膏的产品,也可以将家中的布或手套浸湿后为猫刷牙。除此以外,使用薄棉布手套也十分方便。

用布或手套蘸取牙膏的话,请使用猫专用的牙膏。人用的牙膏含有对猫有害的氟。用布蘸取不含碘、刺激性较小的消毒剂刷牙也是可以的。

即便定期给猫刷牙,也可能会忽视牙周病等牙齿的异常状况。应该每年带猫去兽医处检查两次。

让猫适应刷牙的小贴士

🐾 发展为牙周病前

在发展为牙周病前进行口腔护理十分重要。患有牙周病的猫会有疼痛感,不再让人触摸口腔。

🐾 触摸嘴部周围

猫对口腔中进入异物很抗拒,应该先用手触摸嘴部,让其习惯。准备一些小零食,逐渐增加将手放入其口腔内的次数。最好的方法是让猫从小开始适应。

🐾 使用牙刷

使用猫专用的牙刷,斜着放在牙根处,小幅度地刷。不要过于用力,动作要轻柔。可以不使用牙膏。

🐾 使用棉签

棉签很小,能够清洁口腔深处的牙齿,对于人类而言也很好操作,可以用棉签蘸取猫用牙膏。猫喜欢棉花的口感,注意不要让其误食。

🐾 活用刷牙的产品

使用洁牙湿巾或尝试1~4的方法也很难为其刷牙的话,建议使用猫用的磨牙咬胶、洁牙玩具(让猫撕咬且能够洁牙的产品)。

133 为什么猫左侧和右侧的牙结石分布位置不同?

通过牙结石的位置可以判断猫的咀嚼习惯。

我在给猫进行口腔检查时发现猫左右两侧牙结石分布的位置有所不同,经常使用的一侧的牙很难附着牙结石。猫也有自己的咀嚼习惯。

请更仔细地清洁牙结石附着较多的一侧的牙齿。

目前,使用刮治器这种有尖锐前端的工具刮掉牙结石是较为常见的做法。但是,主人很难完成这项操作,请一定带猫去医院。

在宠物医院,去除牙结石前需要给猫进行全身麻醉,有些主人对此有所抗拒。可是,如果不进行麻醉,会给猫带来痛苦的体验。麻醉后,猫咪毫无痛苦,医生也可以快速去除牙结石,这对猫来说是最好的治疗方式。

134 应该去宠物医院去除牙结石吗?

去除牙结石后的护理十分重要,推荐大家去宠物医院。

最近,有很多主人去宠物医院之外的地方为猫去除牙结石。但是,站在兽医的立场,还是希望大家去宠物医院去除牙结石。

正如前文中提到的,去除牙结石需要使用刮治器这种工具,如果只去除牙齿表面的牙结石,不处理牙龈内侧,可能会引发牙周脓肿,最后不得不拔牙。

此外,去除牙结石后,猫咪的牙齿表面并不光滑,很容易附着牙垢。宠物医院会使用让猫咪牙齿表面变得光滑的研磨剂进行抛光。去除牙结石并不意味着结束。

当然,也请大家牢记:在家中需定期为猫刷牙。

135 猫应该洗澡吗？

家猫基本不需要洗澡。猫很怕水，洗澡容易造成应激。

一般来说，猫不需要洗澡。像前文中提到的，猫十分抗拒被水淋湿，也很容易应激，所以应该尽量避免做猫不喜欢的事。

平日，猫通过舔毛来维持皮毛的清洁，不会产生异味。但是，以下情况是可以洗澡的。

- **肥胖**
  过于肥胖的猫无法舔到自己的臀部周围，还有其他舔不到毛的部位。
- **口炎**
  因口腔疼痛，舔毛的次数减少。
- **腹泻**
  臀部周围很脏，猫也会在意污物和气味，可以使用湿毛巾为其擦拭干净。或采用其他猫不抗拒的方法为其擦洗。
- **外出散步后**
  身体或足底可能沾有有害物质。

皮毛失去光泽、有毛球、身体散发异味，这种情况下给猫洗澡是更好的选择。

136 有什么能够让猫顺利洗澡的方法吗?

猫害怕花洒的水,推荐使用浴盆。
使用吹风机时应该开"弱冷风"挡。

有些主人说:"我担心一个人无法给猫洗澡"。猫害怕花洒中喷出的水,请按照接下来介绍的方法在浴盆中为猫洗澡。

(1)在猫用浴盆中倒入35摄氏度左右的温水,并混入猫用沐浴露。

(2)将猫浸入水中,水面高度到脖子周围,让皮毛彻底湿润。

(3)按照脖子、后背、腹部周围、四肢、尾巴、肛门的顺序为猫清洗。

(4)用湿毛巾擦拭面部周围。

(5)用温水冲洗脖子以下的部位,用毛巾擦干。

如果使用吹风机,请用"弱冷风"挡吹干,也可以用毛巾擦干。我的宠物医院曾经遇到过一起案例,在吹干面部周围时,热风吹到了猫的眼睛,造成角膜损伤。

如果猫非常害怕水,请使用湿毛巾擦拭它的全身。

Q&A 猫与生活

137 除洗澡外,还有什么清洁猫咪身体的方法?

虽然没必要洗澡,但请善用梳子,
提升新陈代谢。

梳毛的方法

- **后背** …………………………… 从后背梳到尾巴根附近
- **腹部** …………………………… 从胸部梳到臀部附近
- **侧腹部** ………………………… 从后背梳向腹部
- **面部周围** ……………………… 从面部的中心处向外侧梳

虱梳的使用方法

- **后背** …………………………… 从后背梳到尾巴根附近
- **面部周围** ……………………… 从眼睛上方梳到耳朵附近

　虽然没必要洗澡,但应该尽量每天为猫梳毛。梳毛不仅能够去除浮毛,还能按摩皮肤,提升皮肤的新陈代谢水平。按照不同部位的毛的走向,像前页提到的那样为猫梳毛。

　在容易出现皮肤病和寄生虫的初春到梅雨季,可以一边梳毛一边检查是否有湿疹、虱子或跳蚤。耳前侧、尾巴根是虱子和跳蚤容易聚集的地方,要仔细观察。

　长毛猫或年纪较大的猫很容易形成毛结。毛结变大后难以分清毛和皮肤的边界,用剪刀剪掉毛结时很容易弄伤皮肤。

　因此,在家中去除毛结时,可以将虱梳放在毛结的根部,再用剪刀一点点剪掉毛结。

138 冬天不忍心给猫洗澡怎么办？

冬天推荐使用干洗剂，简单易制作。

冬天给猫洗澡是一件非常麻烦的事。猫很容易感冒，因此气温变低时可以选择干洗。

干洗剂的主要成分为小苏打和玉米淀粉，非常容易获取。其实，市面上出售的干洗剂也是相同的成分。接下来为大家介绍使用方法。

（1）将干洗剂涂抹在有污垢的部位，仔细涂抹，让干洗剂充分吸附污垢。

（2）认真抖落干洗剂，将毛巾沾湿并拧干，擦拭残留有干洗剂的部位。

如果毛已经沾湿，请不要使用干洗剂，否则可能会发生化学反应而发热，造成烫伤。

此外，在美国也有人将洗耳剂和醋 1:1 混合来自制干洗剂。

干洗剂的制作方法

● **材料**
  小苏打 ·· 1 份
  玉米淀粉 ·· 1 份
● **制作方法**
  1:1 混合

139 容易忽视的猫咪护理细节有哪些?

脖圈是否过紧?不能忽视对猫咪用品的检查。

主人应该定期检查猫使用的玩具和器具,例如脖圈。体重变化或肌肉增长可能会导致脖圈的尺寸不合适。

此外,还需要检查脖圈固定处的金属是否老化,皮肤是否因磨损而受伤。脖圈隐藏在皮毛下,因此主人很容易忽视。发现问题后请及时调整。指甲刀和梳子也要检查。

平常工作很忙的主人很容易忘记检查这些用具,请设定一个"庆祝日",比如"猫第一次来到家中的日子""年末大扫除的日子",在这天集中检查。

检查项目

● **脖圈**
是否过紧?是否老化?

● **脖圈的固定处**
金属部分是否老化?

● **食盆、猫厕所**
是否有划痕、污渍?是否有损坏?

● **喜欢的毯子**
是否有撕裂、拉丝?

● **猫爬架、猫包**
是否倾斜、损坏?

Q&A 猫与生活

140 如何打造让猫感到舒适的房间?

打造猫和主人感到舒适的房间的7个关键。

能让完全生活在室内的猫感觉舒适的房间应该是什么样的?

喜爱干净,对于环境的变化十分敏感,有时也会很胆小,我们应该注重猫的这些特质,并基于此营造一个适合猫生存的环境。

健康的猫也可能频繁呕吐,为了及时应对猫呕吐或排泄的情况,瓷砖、垫子选择乙烯基等容易擦拭的材料会让主人更加轻松。

● **高处**
能够从上方观察自己的生活空间会让猫感到安心。如果家中没有很高的家具,可以考虑设置猫爬架。充分利用纵向空间,对于饲养两只以上的猫的家庭而言也十分适合。

● **磨爪**
主人应该设置让猫磨爪的地方。

● **能够眺望窗外的地方**
用视线追随鸟、汽车等事物的动向能够刺激猫的大脑。舒适的室内生活离不开"新鲜感"。

- **不同高度的书架**

  猫很喜欢形状复杂的空间，还会向此处移动。主人可以利用书架制造高低差。

- **两处猫厕所**

  即便只养了一只猫，也应该设置两个猫厕所（两只猫应该准备三个猫厕所）。这样猫可以一直使用干净的厕所，也可以选择自己喜欢的厕所。如果发现猫只喜欢其中一个厕所，那么可以撤掉另一个。

- **两处饮水点**

  一只猫应该准备两处饮水点（两只猫则是三处）。猫不经常喝水，应该让其选择喜欢的地点，积极引导其喝水。

- **隐蔽的地点**

  应该准备家中来人时能够让受惊的猫躲藏的地方。狭窄黑暗的地方是最好的，纸箱也可以。

Q&A
猫与生活

141 猫会注意室内装饰的变化吗？

调整家中摆设时应该优先考虑猫的需求。
移动家具之前，先检查猫的行动路线。

在改变家中摆设的前一天，主人应该观察猫一天的行动路线。

我们白天常常不在家，因此很难发现猫也有自己的行动路线。

例如，它们经常用身体摩擦相同的门或家具的边缘，在同一个架子上坐下放松，从沙发上冲到床下……在一处停留的时间段和路线都是固定的。

移动家具会影响猫的行动路线，给猫造成压力。原本床是猫的秘密基地，但是从门口能够一眼看到的话，就无法称之为"秘密基地"了。

猫能够很快适应细微的变化，但对于固定位置改变这样的调整则无法应对，需要主人格外注意。猫在压力过大时会有极端舔毛行为（过度舔毛的一种，具体可参见第313页）、在之前从未磨爪的地方磨爪等问题行为。

142 客人多时有什么注意事项?

猫不擅长应对家庭聚会。请准备能够让其随时避难的地方。

大家是否有过这样的经历:刚开始养猫时,想让大家看看自己的猫咪,但是关键时刻却完全看不到猫的影子?

猫非常不擅长应对家庭聚会。这种感觉就好像自己最重视的领地中突然放置了一件大型家具。"这是我经常路过的地方!""这是我的座位!还给我!"对于猫来说,家庭聚会绝对不是令其心情愉快的事。

有猫的家庭来客人时,首先应该确保家中有让猫感到安全的地方和猫厕所。它们是绝对不能让客人进入的隐蔽性场所(房间、柜子等地方),并且只有猫可以自由进出。同时,还要准备木天蓼和猫薄荷,避免猫积累压力。

这样做的话,过一段时间,猫就能够自然地接近喜欢猫的客人了。

Q&A 猫与生活

143 猫为什么会长时间看电视?

**猫对移动的物体很感兴趣,
只要不像人类一样长时间观看即可。**

有些猫会一直观看自然节目,并试图捕捉画面中的鸟和动物。猫对移动的物体很感兴趣,还会追逐画面中的影像。

那么,猫一直看电视没关系吗?其实没有猫会长时间看电视,短时间看电视完全没有问题。

但是,就像人类不宜一直看电视和电脑屏幕一样,猫长时间接收显示器的光线有可能会产生不良影响。

此外,猫很讨厌较响的声音,大音量播放音乐会给猫带来压力。电视和音乐播放设备都应该适当调整音量,让猫能够在感到厌烦时有躲避的场所。

144 猫是否会中暑？

了解猫的基础体温，能够预防其中暑。

猫是平均体温很高的动物，一般在 38 摄氏度以上。除兴奋状态之外，如果体温达到 39.5 摄氏度，则大概率是病理性发热，有可能是全身感染或是强烈的免疫反应。发现猫没有精神且身体发热时要注意。

我建议主人们经常为猫咪测量体温。知道猫咪身体健康时的体温，就能在猫咪中暑或生病时立即采取对策。

观察外表体征可能无法判断病情，但只要看到体温数据，就能很容易地把握猫的身体状况。

用下面的方法，在家也能测量猫咪的体温，请大家一定要尝试。

猫中暑的话，会发出"嗬……嗬……"的呼吸急促的声音，还伴有食欲不振、脱水。如果发现猫咪口水变多、步伐不稳、腹泻、呕吐、痉挛等症状，请一定立即去医院。

> **给猫测体温的方法**
> - 用润滑剂或食用油涂抹猫体温计，放入肛门处检测
> - 如果无法检测肛温，可在腋下处测量（前腿的根部）
> - 记录体温

Q&A
猫与四季

145 使用制冷剂预防猫中暑很危险吗?

为了预防猫咪中暑,是否可以使用制冷剂?

猫中暑后会出现发热、呼吸困难、食欲不振、脱水等症状。这时可将淋湿的毛巾盖在猫咪身上,使其脖子和胸前等部位保持湿润、凉爽,降低体温。

有的主人会使用制冷剂来预防猫咪中暑。但是,有一部分制冷剂中含有乙二醇,猫误食后可能会导致肾衰竭,甚至失去性命。

猫的牙齿和爪子十分尖利,撕咬和抓挠制冷剂可能会导致袋子破裂,乙二醇泄漏。

比较安全的做法是将猫用制冷剂放入宝特瓶中,只要加水并冷冻便可使用。

即便气温不是很高,在湿度过高的环境下猫也会中暑。梅雨时节和初夏是中暑高发的时期。家有微胖的猫咪、打呼噜的猫咪(由于呼吸的热量代谢较差)以及超过 8 岁的高龄猫咪的主人都要格外注意。

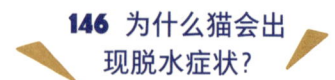

146 为什么猫会出现脱水症状?

脱水可能会引发肾脏疾病。每天都应关注猫的饮水量。

导致猫咪死亡的疾病有很多,常见疾病之一就是肾脏类疾病。这和猫的饮水及排尿习惯有很大的关系。因脱水导致症状加剧的案例非常多,肾功能已经衰退的高龄猫咪的主人需要格外注意。

猫很容易患上肾脏疾病。这是主人应该了解的疾病,在这里做进一步的说明。肾脏有两个功能:(1)提取血液中的废弃物并排出体外;(2)过滤废弃物中身体所必需的水分和矿物质,再返回体内。

肾脏功能衰退会导致体内的废弃物堆积,可能发展成尿毒症。通过尿排出大量水分,还会引发身体不适。急性肾病有时会危及生命,但也有可能治愈。

患有慢性肾病的猫,在主人精心的呵护下也可以正常地生活。

无论如何,主人都需要注意避免让猫患上肾病,预防肾病的关键之一就是注意猫是否有脱水症状。

Q&A 猫与四季

147 猫不喜欢空调是真的吗？

即便是很耐热的猫，也会惧怕炎热的夏天。和空调和平共处吧！

对于猫来说，舒适的环境温度为 25~30 摄氏度。猫算是十分耐热的动物了，但气温超过 30 摄氏度后，猫也会感到不适。

有很多猫咪不喜欢空调，通过开窗通风调节室内温度固然很好，但近年夏季十分炎热，合理使用空调是有必要的。

建议将温度设定在 28 摄氏度。注意，要让猫可以自由选择有空调的房间和没有空调的房间。

主人应该准备避免让冷气直吹猫咪身体的物品，比如猫床（猫用的寝具）、猫窝、毯子等。也可以稍微打开橱柜的门，有时猫会进去睡觉。

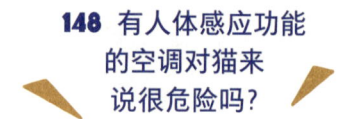

148 有人体感应功能的空调对猫来说很危险吗?

夏季让猫独自在家时有以下注意事项。

带有人体感应功能的空调会给宠物带去意想不到的危险。虽然这种空调对于人类来说十分方便,但它不会对猫有感应。主人外出后,空调会判断"屋内无人",从而停止运转,因此导致轻微中暑的猫不在少数。

留猫咪独自在家时,需要注意以下事项。即便外出 30 分钟,也要格外注意。

> **猫咪独自在家时的注意事项**
> - 为了防止室温过高,应拉上窗帘遮挡阳光
> - 将空调调至适当的温度(关闭人体感应功能)
> - 设置三处饮水处
> - 用毛巾包裹冰袋或猫用制冷剂(参见第 183 页),放在猫窝旁边

149 猫需要防晒吗?

猫需要防晒,特别是耳尖和鼻头。白猫尤其容易晒伤。

春季到初夏这段时间是一年中紫外线最强的时候。虽然皮肤外侧有毛发,但猫也需要防晒。

猫的耳尖和鼻头等裸露的地方容易接触到紫外线,另外白色的猫或是毛色很浅的猫很容易患上皮肤癌。

如果白猫的耳尖和鼻头部位出现脱皮,应尽早就医。这时,猫很可能患上了皮肤癌(扁平上皮癌),早期发现可以治愈。

主人可以给猫使用专用的防晒产品或是人类婴儿使用的刺激小、无香精、无添加的防晒产品。很多婴儿用的防晒产品即便入口也是比较安全的,猫咪舔舐少量也没有问题。我推荐使用容易涂抹在耳尖和鼻头的霜类产品。

如果猫咪经常出入的地方有很强的阳光直射进来,可以在窗户上贴防紫外线贴纸,以此来守护猫咪的安全。

150 如何帮猫度过冬天?

冬季的饮用水温度过低,应为猫提供温水,以此维持体温。

猫不仅在炎热时节容易脱水,在寒冷的时节也容易出现脱水症状。天气转凉后,猫的运动量大幅减少,睡眠时间变长,为了维持体温会减少饮水量,可能因此导致脱水。

和炎热时节的处理方式相同,主人应该让室内保持适宜的温度,为猫提供饮用水时要稍微注意,应提供温水。

在冬季,如果将水放置不管,水温会冷却到 7 摄氏度左右甚至更低,这对于猫来说太冷了,无法饮用。

想要在水还微温时让猫咪饮下,应在猫喝水时从旁观察。这样主人能够确认猫咪的喝水状况。

此外,猫的视力不佳,很难看清没有移动的物体,温水的水汽能够帮猫确认水所在的位置。主人用手搅动水发出声音,也能够帮助猫咪饮水。

和水相同,食物也应该稍微加热,建议主人给猫提供汤等含水量大的食物。

Q&A
猫与四季

151 冬季只开空调猫会感到冷吗？

冬季只开空调，猫会感到寒冷，还应准备毯子、猫窝，以及远红外线暖气等物品。

进入冬季后，因低体温症来就医的猫会增多。冷空气容易在下方滞留，而猫主要在地板附近活动，所以会比人类更容易感到寒冷，这一点不容忽视。

特别是幼猫、高龄猫和瘦弱的猫，除了空调和地暖之外，还要为它们准备毛毯、猫窝等物品。其实，空调无法温暖身体内部，我个人推荐使用远红外线加热器。

有些高龄猫的主人会准备加热垫，不过使用加热垫有可能会造成低温烫伤，需要小心使用。高龄猫的睡眠时间较长，为了避免低温烫伤，最少四小时就要移动一下位置。

猫在皮毛湿漉漉的状态下睡着更易被烫伤，主人需要检查皮毛是否被尿浸湿。

Q&A

猫与四季

152 沙漠“出生”的猫也会不适应空气干燥？

猫开始咳嗽就要注意室内是否干燥了。
可以在浴缸中放热水，让猫吸入蒸汽雾。

到了冬季，空气开始变得干燥，有的猫咪会开始咳嗽。虽然猫很少咳嗽，但也有患上哮喘和支气管较弱的猫咪。

主人如果发现猫咪有些咳嗽，可以尝试在浴室里制造蒸汽雾。吸入雾气能够治疗咳嗽，也能够预防支气管炎。

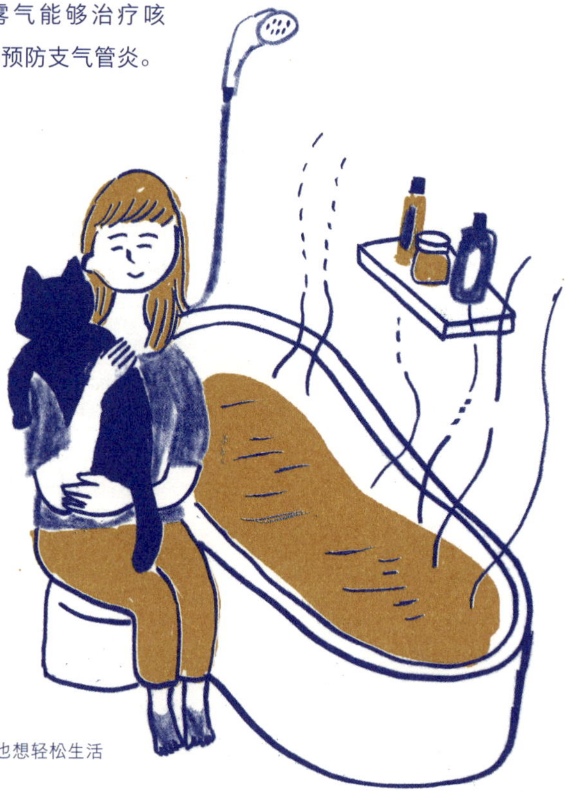

(1)在浴缸中放入热水。确保水温能够产生足够的水蒸气。
(2)将猫放在笼中,让其在雾气中度过10分钟。

如果猫感到不安,主人应该和其一同进入浴室。

如果将室内的湿度保持在50%以上,猫咪的咳嗽也没有好转,可能是患有哮喘或支气管炎等疾病,应该尽早就医。

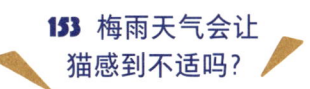

153 梅雨天气会让猫感到不适吗?

降雨时气温下降,猫的排尿量也会增多。
梅雨时节应经常打扫猫厕所。

降雨时气温下降,猫的排尿量也会增多。梅雨时节应该提高打扫猫厕所的频率,使其比平常更干净。猫厕所不干净的话,猫会憋尿,长时间憋尿容易引发膀胱炎等泌尿器官疾病。并且,有时猫也会在猫厕所中腹泻和呕吐。

湿度较高的环境容易导致发霉,除猫厕所外,还要注意饮水处和喂食处的环境。

像前文提到的那样,对于猫来说,25~30摄氏度是适宜的环境温度,因梅雨时节天气寒冷而生病的猫咪也不在少数。在早晨气温较低的时间段,请打开取暖器,将室内温度维持在25摄氏度。

154 猫看起来身体不适,是否应该观察一段时间再作打算?

猫的几天等于人类的几个月,
不要对猫的不适置之不理。

有些主人认为"最近几天猫的身体状况不佳,稍微观察一下吧。过了一阵子,身体状况可能就变好了"。这种想法是十分危险的。

成年猫的1年相当于人类的4~5年。如果猫最近几天身体状况不佳,那就等同于人类最近两个月身体状况不佳。猫的疾病发展进程会比想象中快。

首先,请牢记,"稍微观察一下情况"是十分危险的想法。

特别是在初春时节,猫的身体很容出现问题。平时正常进食、正常生活,但经过血液检查后却发现脱水,这样的猫有很多。这是因为猫体内水分蒸发过多,而饮水量却不够。

高龄猫和有肾脏问题的猫很容易因脱水导致身体状况恶化。初春时请多注意猫咪的饮水量和排泄次数。

Q&A 猫与四季

155 天气恶劣时，猫感到害怕该怎么办？

台风天，猫也会感到不安……应该
多和猫咪玩耍、说话，让它感到放松。

台风将近，猫是否也会焦虑不安呢？

低气压、激烈的雨声和风声会让猫感到不安。应该尽量陪伴在猫的身旁。和猫说话、玩耍，能够让其放松下来。

有的猫咪很讨厌打雷的声音，需要为其准备床下和壁橱等可以躲避雷声的场所。

如果猫咪患有癫痫，主人在台风天气应该格外注意。这时猫咪很容易发病，应及早做好准备。

主人也因打雷和激烈的暴风雨声而慌乱的话，会让猫咪更加不安。主人有条不紊的行动能够让猫咪放松下来，请和平常一样，温柔地和它们说话吧。

Q&A 猫与危险

156 猫会抓蟑螂玩耍吗？

对于有着狩猎动物血脉的猫来说，蟑螂是非常合适的猎物。请彻底驱除蟑螂。

猫原本就是狩猎动物，经常会想"抓一些猎物来玩吧"。它们对行动速度很快的昆虫怀有极大的兴趣，但在室内，行动速度很快的昆虫恐怕只有蟑螂了。因此，猫咪会捕捉蟑螂玩耍。

有种说法是"养猫之后家里的蟑螂也消失了"，但我们无法得知是蟑螂会避开猫，还是猫在抓到蟑螂之后采取了某些行动。猫在捕捉蟑螂后吃掉也有极高的可能性。

以蟑螂为首的害虫会让猫感染寄生虫。例如，绦虫这种寄生虫就是猫在食用蟑螂后感染的。蟑螂是很多细菌和寄生虫的传播媒介，猫咪接触蟑螂也会损害健康。

接触蟑螂也是猫患上哮喘的原因之一。主人有必要彻底驱除蟑螂。猫的食物很容易招引蟑螂，因此要注意保持喂食处的清洁。

157 猫是否有可能误食驱虫剂?

建议将驱虫剂放在柜中和冰箱后等地方。
猫喜欢硼酸丸子的味道,要小心!

有猫的家庭应该怎样驱除蟑螂呢?有很多主人表示"很担心猫会误食除蟑螂的药"。

驱虫剂应该放置在蟑螂经常出没的地方,这类地方和猫咪行动轨迹的重合率通常很低。特别是大门紧闭的厨房柜和冰箱的后面,在这些地方放置驱虫剂可以避免猫咪误食。

一定要注意:猫喜欢硼酸丸子的气味,误食后可能会导致肾功能不全,尽量不要使用。此外,有些猫咪喜欢啃食塑料制品,因此可能会啃食、撕咬装有驱虫剂的塑料容器,需要注意。

杀虫剂和驱虫剂这类化学药品会对猫产生危害,注意不要让猫接近。

Q&A 猫与危险

158 猫容易误食的物品有哪些?

猫发现塑料袋就会忘乎所以。
在玩耍的过程中可能会不小心吞下。

猫很喜欢能够发出"哗啦哗啦"声音的物品,例如塑料袋。这是野生时期习性的残留,撕咬塑料袋发出的声音和啃食猎物骨头时的声音很像。

在洞穴等场所生活过的猫很喜欢将脑袋钻进小箱子或是袋子中。将脑袋探进塑料袋中,玩耍时可能会不小心吃掉,这类状况经常发生。

药品包装的铝箔片发出的"吱嘎吱嘎"的声音也是猫咪所喜爱的。曾经有呕吐不止的猫咪在接受内窥镜检查时,被发现胃出口的幽门部位有星形的闪光物。

虽然很少见,但有的猫咪会将喜欢的物品放入口中。橡皮擦、硅胶制的玩具、海绵……这些物品的大小、形状比较方便猫咪入口,请不要将这类物品放在室内。

如果猫咪误食,多会借助内窥镜取出。

159 家中有哪些对猫有害的物品?

猫喜欢玩线,很容易误食。发生这种状况后可能需要手术。

猫容易误食的还有绳状的物品。我经常看到因不小心吞下绳子一端带有老鼠的玩具而被送到宠物医院的猫。

猫很容易吞食绳状物品的另一个原因在于猫舌的结构。猫的舌头表面带刺,能够掬起食物、梳理毛发,但也很容易在玩耍的过程中将绳子卷入腹中。

绳状的物品进入猫咪的肠胃后很容易引发肠梗阻,需要紧急手术取出。除此之外,橡皮筋也容易被猫误食,需要注意。

我还看到过误食钓鱼线和钓鱼钩的猫咪。这是因为偷食钓上来的鱼而导致的。虽然这种场景好像会在漫画中出现,引人发笑,但对于猫来说十分危险。

160 猫为什么喜欢舔砂子和土？

**如果猫开始舔砂子、土、金属，
需要注意其是否有内脏疾病。**

第 196 页和第 197 页介绍的猫咪的行为是被称为"异食癖"的异常行为。

如果猫舔砂子、土、金属的话，很可能是因为肝功能异常、贫血等。

肠胃状况不佳，想要缓解胃部的不适时，猫会吞下很多东西。区分这种误食是不小心还是重复性行为十分重要。

如果是重复性行为，需要立即去宠物医院就诊。异食癖有可能是压力导致，也有可能是疾病引发。

如果在就诊过程中发现猫咪胃部和肠道中有异物，请遵照宠物医生的建议进行内窥镜检查。这时，也应该进行血液检查和 X 线检查。如果发现贫血、肝脏疾病、肠胃疾病、寄生虫感染等，应接受相应治疗。

如果在检查的过程中没有发现异常，则这种行为很可能是压力导致的。请确认猫咪是否有过度舔毛等其他异常行为。主人可以尝试增加和猫玩耍的时间，以此来安抚猫的情绪。

Q&A
猫与危险

161 猫为什么异常喜欢毛衣？

因为它在回忆吮吸母猫乳头的感觉，这种行为有可能源于情感上的缺失。

猫咪吮吸毛衣等物品时不小心吸入毛球，或许是因压力导致的误食行为。吮吸羊毛是猫的异常行为之一，除了羊毛之外，猫也会吮吸海绵、塑料袋、纸箱等物品。

吮吸羊毛的行为多见于幼时较早离开母猫而没有充分吸取母乳的猫。啧啧地吮吸毛毯是因为这样做能够回想起母猫的乳房。哺乳反射（想要吸母乳的行为）会在断奶后消失，过早离开母猫的话就可能会保留这种行为。

如果看到猫咪撕咬毛毯，不要感到愤怒，要多和它们玩耍，保持亲密。

如果发现领养的猫咪不停地吮吸一些东西，这或许就是"吮吸羊毛"行为。

人类在饲养幼猫时，即便能够提供牛奶，也无法完全代替母猫。请用手指轻轻抚摸猫咪嘴部周围，给予它一些刺激。如果症状较为严重，请及时向宠物医生咨询。

Q&A 猫与危险

162 人类的药物对猫来说有毒吗?

食用含有对乙酰氨基酚的解热镇痛药对猫咪而言有致命性危险。

有时猫咪会误食抗抑郁药、抗组胺药、安眠药、降血压药等人类的药物。它们喜欢撕咬药物外层的铝片,因此可能会不小心吞下。

如果只是食用一次剂量的抗生素或安眠药,不会出现太大的问题,但是和感冒药一起服用的解热镇痛类药物则需要格外注意。这类药物中含有对乙酰氨基酚和布洛芬,对猫来说有致命性危险。猫的体内没有分解这类物质的酶,误食后容易引发肝衰竭和肾衰竭。

对乙酰氨基酚对猫来说尤其危险,请务必注意。

Q&A 猫与危险

163 猫会舔洗涤剂吗?

洗涤剂泄露十分可怕,猫会舔舐沾染在身体上的液体,请注意!

除草剂、驱虫药、洗涤剂等物品中含有对猫有害的物质,因此猫不会主动食用。

如果药剂从瓶口处流出,从瓶子旁边经过的猫的身体和足底会被沾湿,而猫会将其舔舐干净。舔舐毛发是猫的天性,因此会发生危险。

特别是含氯的洗涤剂或漂白剂,它们能够溶解蛋白质,进入猫的体内后会给消化系统带来伤害。

如果猫的身体或眼睛沾到药剂,请用流动的清水冲洗,并用毛巾擦干。如果猫已经舔舐,请灌入大量清水和牛奶,以此来稀释毒性。最重要的是,请立即去宠物医院就诊。

Q&A
猫与危险

164 是否应该让猫远离植物？

对于猫来说百合有剧毒，百合花瓶里的水也有毒性。

猫会拨弄、啃食植物。有些植物对猫的危害极大，请注意不要让猫误食。

对于猫来说，百合类的植物有剧毒，从球根到叶子，再到根茎、花、花粉，甚至连百合花瓶里的水都有毒。

猫咪误食百合后会出现流涎、呕吐、食欲不振等症状，24小时后肾脏功能开始衰退，陷入急性肾衰竭，最坏的情况是死亡。

饲养猫咪的家庭绝对不可以摆放百合科的植物。即便是在阳台和庭院中种植也会给猫带来危险。

除此之外，下面提到的植物也对猫咪有毒，请大家一定要牢记。

> **对猫有毒的植物**
>
> 万年青、水仙、番红花、常春藤、羊角菜、朱顶红、秋水仙、杜鹃、映山红、洋槐、蓖麻籽、仙客来、毛地黄、长寿花、飞燕草、舟形乌头、夹竹桃、苏铁、东北红豆杉……

Q&A 猫与危险

165 除木天蓼外，猫有喜欢的植物吗？

除了木天蓼，其实猫也喜欢猕猴桃的气味。

很多人知道猫喜欢木天蓼，但美国的一项实验表明，除了木天蓼外，猫还有很多喜欢的植物。

科研人员以 100 只猫为对象做实验，发现猫有很大概率对一些植物的根反应良好。

例如猫薄荷，它是薄荷的一种，猫会对口香糖和牙膏有兴趣是因为被薄荷的香气所吸引（但这类物品中含有的木糖醇对猫有害）。

让人意外的是，猫对于猕猴桃的气味也会做出反应。其实，猕猴桃属于木天蓼科木天蓼属，因此猫会用身体摩擦放置在地上的猕猴桃。

- 木天蓼 ·························79% 的猫会做出反应
- 猫薄荷（也叫樟脑草，唇形科）········68% 的猫会做出反应
- 忍冬（忍冬科）··················53% 的猫会做出反应
- 缬草（败酱科）··················47% 的猫会做出反应

Q&A 猫与危险

166 猫是否不喜欢柑橘类的味道?

对于猫来说,酸味意味着有毒。可以用具有柑橘类气味的物品防止猫咪抓挠。

猫很讨厌橘子等柑橘类的气味,这和它们的味觉有关系。食物腐败时会散发出酸味,因此猫认为酸意味着有毒。

主人可以将猫不喜欢柑橘气味这个习性加以利用。如果家中有不想让猫抓挠的地方或不想让猫靠近的地方,可以喷洒一些柑橘味道的喷雾。这个方法也可以用于防止野猫聚集。市售的猫咪驱赶剂的原料多为柑橘类香精。

如果不想被猫讨厌,则要避免使用柑橘类芳香剂。即便除臭剂没有香味,也不要放置在猫咪能够接触到的地方。

Q&A
猫与危险

167 精油对猫有害吗？

对人类有疗愈作用的精油对猫却有害。

猫对气味很敏感，十分讨厌香水、芳香剂等强烈的香味。在家中放置的芳香剂的香气会影响猫咪标记的气味，限制其行动范围。这会给猫造成压力，从而引发问题行为。

还有一种物品需要注意，那就是精油。精油中的香味分子比空气重，因此会沉积在空间的下方，这里正是猫的生活圈，猫会大量吸入香味分子。

这些成分最终会由肝脏代谢，猫的肝脏可能会因此受到损伤。

168 何时开始进行体外驱虫比较好？

樱花盛开的季节就是开始驱虫（虱子、跳蚤）的时期，请养成每年驱虫的习惯。

很多猫主人会问："应该何时开始驱虫呢？"

给猫驱虫应该从樱花盛开的时期（每年 3～4 月）开始。藏在毛毯中的虱子和跳蚤的卵冬季休眠，春季孵化，以便寄生于猫咪的体内。因为去除虫卵十分困难，所以应该在其长为成虫、寄生在猫的体内之前进行预防性施药。

进入春季后，如果猫咪突然开始抓挠身体、舔毛，请加大梳理它们毛发的力度。

你是否会发现有黑色的小颗粒从猫的身体上落下？用水浸湿小颗粒后，如果变红，就是跳蚤的粪便。

请用梳齿很细的去跳蚤梳来梳理猫咪的脸颊和尾巴处，然后在湿润的纸巾上敲打梳子，这样也能够确认猫是否已经感染跳蚤。

如果发现猫后背皮肤上有米粒大小的突起物，这很有可能是猫对跳蚤过敏。

Q&A 猫与害虫

169 推荐哪种类型的驱虫药?

**外驱虫滴剂福来恩 (FRONTLINE) 较受欢迎，
综合驱虫药已成为主流。**

驱虫药主要有片剂型和喷洒型，福来恩这种驱虫药可以直接滴在猫的身体上，十分方便，因此受到欢迎。

如果想让猫吞服片剂，至少需要让其同时喝下 6 毫升的水。片剂很容易卡在喉咙处，有时猫咪看起来已经吞下，但药片却仍在喉咙处。这样药片会慢慢溶化，造成食管炎。

虱子和跳蚤的预防需要从 3 月下旬持续至 10 月。预防寄生虫应有备无患，每个月至少进行一次体外驱虫。

此外，最近，不止能对付虱子、跳蚤，还能对付丝虫的综合性驱虫药正在成为主流。

Q&A 猫与害虫

170 饲养在室内的猫有必要做体外驱虫吗?

观叶植物的土中可能有虱子、跳蚤!
在意想不到的地方也存在感染风险,因此家猫需要驱虫。

有些主人说:"我的猫没有去过室外,所以没有必要驱虫。"其实,即便完全室内饲养,也无法彻底安心。

例如,有报告显示,15%的观叶植物的土中有蛔虫和钩虫的卵。此外,主人或家人在外界接触动物时,衣服有可能会沾染虱子、跳蚤,以及它们的卵,并将其带回家。即便是完全室内饲养,也需要给猫咪施以防虫的药,作为最低限度的预防措施。

如果在室内饲养的猫咪身上发现了虱子,请不要选择针对成虫的驱虫药,而是要使用对成虫的卵和幼虫也有效的驱虫药。冬季,虱子和跳蚤已经产卵,如果施的药无法对卵和幼虫起效,那么驱虫的效果就会减弱。

171 在做体外驱虫时,有哪些注意事项?

蜱虫很可怕,由其引发的感染也会导致人类死亡。

除了虱子、跳蚤这类的虫子外,还有蜱虫这种非常恶劣的害虫。

蜱虫经常会附着在散步于草丛中的狗的身上,也会寄生在猫的身上。蜱虫肉眼便可发现,这种虫子吸血后身体会变成黑红色。

如果在猫的身体上发现蜱虫,请不要触摸。用手破坏蜱虫身体的话,它的口器会留在皮肤中,从而引发炎症。

更加恐怖的是,蜱虫有可能会引发严重的发热伴血小板减少综合征(SFTS)。

这种以蜱虫为传播媒介的疾病死亡率极高,除了猫、狗之外,也有人类患者死亡的案例。目前来看,在日本这种病多发于关西以西的地方,但关东也有病例。

涂抹驱虫剂后,请将掉落的蜱虫放在袋子中丢弃。如果不放心的话,请前往宠物医院,让专业的宠物医生帮忙去除。

Q&A 猫与害虫

172 猫是否会感染丝虫?

**只有狗才会感染丝虫吗?并不是,
也有猫因感染丝虫而死亡的案例。**

以蚊子为媒介传播的恐怖疾病——丝虫病,很多人以为这是只有狗才会患上的疾病。但是,你是否知道偶尔也会有猫患上丝虫病?

丝虫病是感染了以蚊子为传播媒介的线状寄生虫——丝虫,这种寄生虫在狗的肺动脉和心脏处寄生,从而引发疾病。宿主发病后会失去活力和食欲,呼吸变得痛苦,身形变得消瘦。

猫患有丝虫病的案例并不多见,但也有一些猫因此而送命,请一定要做好预防工作。

正如前文中提到的那样,除了针对虱子、跳蚤的驱虫药,还有包含针对丝虫药物的综合型驱虫药。会外出、在阳台玩耍的猫,以及毛发为黑色或深色的猫容易被蚊虫叮咬,请使用综合型的驱虫药。

173 猫是否会将疾病传染给人类?

如果主人和猫一样痒，或许是被传染了皮肤病或害虫。

有很多事只要提前了解就能有效应对。下面我将为大家解说人类最容易从猫那里传染的皮肤病。

以下病症或害虫会从猫传给人。

- 疥螨
- 皮肤丝状菌症
- 肉食螨
- 跳蚤

如果饲养的猫已被确诊患有皮肤炎症，出现瘙痒症状，主人也有相同症状的话，请尽快去皮肤科就诊。此外，要认真清扫屋子。

Q&A 猫与睡眠

174 猫经常睡觉有事吗?

虽然猫一天会睡 14 个小时,但熟睡时间只有 3 小时,睡眠时间不足会导致身体状况不佳。

猫每天一般会睡 14~16 小时,白天几乎都在睡觉,但其实熟睡的时间只有 3 小时。

这是猫还在野外生活时的习性。因为不知道敌人会何时袭来,所以不能熟睡,要一直保持警觉。

虽然没有熟睡,但睡眠时间缩短的话,有些猫会因压力而导致身体状况不佳。

例如,经常不在家的主人一直在家,猫就会因无法放松地午睡而产生压力。

在美国,这种现象被称为"慢性压力"。无法放松,睡着后也不停地抽动,不断调整坐姿、不睡觉,这类动作都是健康有一定程度的问题的信号。对于猫来说,睡眠是很重要的。

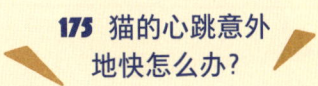

175 猫的心跳意外地快怎么办?

不时测量一下猫的呼吸频率和心跳。

猫的身体状况和疾病的征兆多表现在呼吸上,如果不清楚猫咪平常的状态,就无法判断它是否患有疾病。请用下面的方法来测量猫的呼吸频率。

(1)在猫安静的时候,数其胸口的起伏次数。上下起伏一回计为一次,测量15秒。

(2)将上一步中得到的结果乘以4后,就是猫咪1分钟的呼吸次数。

如果很难看出胸口处的起伏,可以将手掌放在猫的胸口处测量。获取平均值非常重要,请在几天内多测量几次。如果连续几天心跳都过快,建议去宠物医院就诊。

猫通常都是用鼻呼吸,很少用口呼吸。如果猫张口呼吸,请一定要注意。

并且,用手掌压住猫的左胸(左前腿的根部为胸口)的下方,可以计算心跳。同样计算15秒的心跳,然后乘以4。

> **平均的数值**
> - **呼吸频率**
>   正常 ················· 20~40次/分钟
>   安静时或睡眠时 ········· 15~25次/分钟
> - **心跳数**
>   120~240次/分钟

176 猫应该散步吗?

现在家猫基本为完全室内饲养。外出对高龄猫有刺激作用,能够延长寿命。

最近,有些国家开始流行带猫散步。和狗不同,猫不会在陌生场所排泄,所以很方便。

一只22岁的长寿猫咪在幼小的时候便经常外出玩耍,现在也经常和主人一起在家附近散步。之所以长寿,一定是因为它经常外出,时刻变化的外界信息会对猫的大脑产生刺激。

虽然专家建议将家猫完全室内饲养,但有的家猫能够自由地进出室内。如果猫咪独自前往喜欢的地点,可能会有一些问题。装备好牵引绳的话,就没有走丢的风险,主人偶尔也可以带猫咪出去散步。

初次散步时请按照以下的顺序进行。

如果外出后猫咪十分惊恐,请不要再次带其出去散步。

> **初次散步的事前训练**
> (1)最开始请让猫走出院子。确认猫咪观察周围状况时是否很兴奋。
> (2)扩大散步区域,推荐车辆较少、不会突然出现噪声的地方,有草地的地方(猫喜欢能隐藏自己的场所)。

猫与外出 Q&A

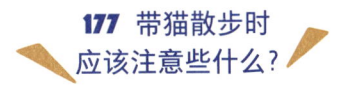

177 带猫散步时应该注意些什么?

初次带猫散步,有必要准备一些物品和做好思想准备,也要进行演练。

准备好散步的所有物品就可以出门了。

脖圈处佩戴牵引绳的猫十分常见,但我推荐使用宠物专用的牵引绳。先放入前腿,包裹住身体,这样不会只给脖颈一处造成负担,也能够防止猫咪挣脱逃跑。

再次强调一下,带猫散步不是必需的。对于猫来说,外界的环境过于刺激。如果猫本身不抗拒,或想给高龄猫的大脑带去一些刺激,带它散步可能有好处。但是出于"一直在室内,有些可怜"这种想法而带猫散步是没必要的。

并且,外出散步一次之后,一些好奇心旺盛的猫咪会让主人再次带自己出去。

> **散步前的准备**
> (1)戴好牵引绳(防止和其他猫打架)。
> (2)确认饲养的猫是否惧怕外界环境。
> (3)完成体外驱虫(在野外容易感染)。

178 散步后只给猫清洗足部就可以了吗？

散步时容易附着有害物质，回家后请一定擦拭猫咪全身。

散完步回到家后，请一定用毛巾擦拭猫咪的全身。在室外，猫咪的皮毛容易沾染香烟等化学物质及有害物质，如果不及时清理，猫在舔毛的时候很容易摄入这些有毒物质。

偶尔，猫咪的足底也会沾染口香糖、油漆、焦油等不容易去除的物质，可以按照下面的方法去除。

（1）用色拉油涂抹有污物的部分，使污物溶解于油中。

（2）污物溶解后，用面粉吸油。

（3）用猫用沐浴露清洗（因沾染了油，所以需要使用沐浴露）。

注意不要使用酒精消毒湿巾。请养成"从外面回家就要擦拭身体"的习惯。

Q&A
猫与外出

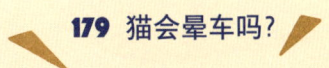

179 猫会晕车吗?

猫不会晕车,但是会兴奋。请每 2 小时让猫上一次厕所,每小时喂一次水。

黄金周和年末年初等回老家的时候,很多人都会让猫长时间乘坐交通工具。如果是和猫狗一起乘坐汽车出行的话,即使遇到交通堵塞,也要每 2 小时休息一次。这是为了让猫饮水和排泄。

兴奋的猫咪可能会出现晕车症状并呕吐,但完全不让其进食进水的话,会导致脱水,应每小时给猫咪喂一次水。多次少量地喂水有很好的效果。

在服务区时请不要将猫咪独自留在车内。夏季容易中暑,冬季容易失温,十分危险。

最后说明一下猫晕车的话应该如何处理。虽然狗会晕车,但猫几乎不会晕车。这或许是猫的前庭系统比较发达的缘故。但是,兴奋容易引发应激,可去宠物医院开一些镇静剂。

另外,人类使用的晕车药能够抑制兴奋和应激,美国的猫学会会长也推荐这种药物。

180 在室内饲养的猫也需要猫包吗?

**在猫包中放入带有主人味道的衣物,
能够让猫咪感到安心。**

完全室内饲养的猫不需要猫包,但主人带猫去宠物医院、乘坐公交车时,以及遇到灾害时,有猫包的话十分方便,对于猫咪来说也是如此。

我在前文中曾提到,由于野生时代的习性残留,猫很喜欢阴暗、狭小的地方,猫包内部正是这样的环境。将猫放在猫包中,能够让其放松、安心。

特别是乘坐公共交通工具时,人流和电车的声音都能让猫陷入应激状态,有必要将其放入猫包中。将带有主人味道的衣物一同放进猫包中能够让猫咪安心。

181 猫不愿进入猫包怎么办？

**不论日常需要还是以防万一，
猫咪都需要进行进入猫包的训练。**

如果猫咪不能顺从地进入猫包，可以进行下面的练习。

（1）首先，在房间的中央放置猫包。让猫包处于打开的状态，这样猫咪能够意识到猫包的存在。
（2）在猫包中放入零食，让猫牢记"进入猫包后会有零食"。这样能够让猫自主进入猫包。
（3）每天将猫包合上一点，让开口处逐渐变得狭窄。突然完全关闭的话会让猫有所警戒。
（4）猫进入猫包后合上开口，逐渐增加其滞留在猫包内的时间。
（5）拎起猫包在室内移动。待猫习惯后转为室外。

如果猫在室外也能够适应猫包，练习就结束了。

也有些猫会想起"进到这个猫包后，被带去了宠物医院，有了很不好的回忆"等，从而很讨厌猫包。遇到这种情况时需要换一个猫包。

有时，我在诊疗室会见到完全不想出猫包的猫咪。可以使用从上方也能够打开的猫包，方便医生诊治。

182 应该训练猫学会哪些技能?

需要让猫记住遇到危险时能够发挥作用的三件事。

遇到危险时，必须让猫咪听从自己的安排。否则猫的任性行为或许会带来麻烦。

地震时，猫受惊后会躲在室内狭小的地方，或是藏在某个地方不出来。

为了应对这种情况，请牢记下面的训练方法。

- **让猫回到固定位置**
  想让其回到猫窝和笼子等固定位置时。
- **呼唤名字，让猫来到身边**
  呼唤猫咪的名字后，说"到这里来"，猫咪就会过来。
- **坐下**
  这是"等待"指令的一种。

关键是用手指指向想要猫咪去的地方（场所或主人所在的地方），引导猫咪。

手指尖要事先沾些鱼干粉或鲣鱼干末等猫咪喜欢的食物，猫咪完成指令后让其舔舐，并摸摸它的头。

最初可能不太顺利，但在不断重复的过程中，猫咪就会发现"只要完成就能吃到零食"，并逐渐适应。让猫记住指令需要花费很长时间，但记住的话就会起到一定作用。

183 猫想进入"禁地"怎么办？

不想让猫进入"禁地"？使用"秘密武器"双面胶吧！

主人会有一些不想让猫咪靠近的地方，例如饭桌上及放有收藏品的架子等。

这时，可以用"等待"的指令来告诉猫咪"这是不能靠近的地方"。

即便这样也无法阻止猫咪的话，可以在猫咪最初踏入的地方贴双面胶。接触到这个地方就会粘住脚，猫就会因讨厌而不再靠近。

184 遭遇灾害时，主人应该做些什么？

猫用的防灾物品最少应该准备 3～5 日的量。

在自然灾害多发的日本，需要为宠物准备防灾物品。最少应该准备 3～5 日的量。

遭遇灾害时，主人会和宠物一同去往避难所，在避难所中应该听从各个自治体的判断。因为宠物会发出叫声，也有可能导致他人过敏，主人有可能无法和宠物待在同一空间内。

灾害发生时，人的生命是第一位的，动物用的物资往往迟迟才能到达。

应该留意一下自然灾害发生时的应对政策。

需要准备的物品

- 至少 3 天量的水和食物
- 脖圈和牵引绳
- 失物礼金（宠物走丢时的谢礼）
- 简易猫厕所和猫砂
- 宠物垫
- 毛巾
- 塑料袋（处理食物和排泄物）
- 处方药（平日也需要准备 2 周量的药物）

185 出现未知的病毒时该怎么办？

对于未知的病毒，主人能做的就是不要传染给猫咪。

有报告指出，猫科动物极易感染新型冠状病毒，猫咪之间会互相传染，但是并没有出现猫传染给人的案例。日本环境省也正式发表了"没有从宠物传染给人的案例（在国外有患有新型冠状病毒的主人传染给宠物的案例）"的报告。（2020年7月）

在此基础上，主人需要做以下准备工作。

- **确定寄养地点**
  事先确定为了应对突发事件的寄养地点，例如家人或朋友的家。如果自己患病的话，也会感到安心。
- **避免和动物过度接触**
- **严格贯彻卫生管理**
  从室外回到家后一定要先认真洗手再接触猫咪。
  为了避免从鞋底处感染，要认真清理玄关处。
  为了防止猫咪感染病毒，请使用消毒剂（舔舐后也安全的类型）擦拭猫咪的身体和足底。

如果家人中有感染者，请不要让其和猫咪接触。面对未知的传染病，人类能够做的唯一一件事就是不要传染给猫咪。

186 为什么会对猫过敏?

猫的过敏原主要存在于唾液而不是皮毛。
公猫更容易引起过敏。

有人对猫过敏,主要是因为猫的唾液中含有一种蛋白质——FeldI。意外地,有很多兽医认为这种过敏是由猫毛引起的,但真正的过敏原其实是猫的唾液。猫舔舐身体时,其唾液分子会在干燥的空气中扩散,从而引发过敏。

比起母猫,公猫,尤其是未绝育的公猫更容易让人过敏。

如果对猫过敏却仍旧想养猫,可以选择东方短毛猫、德文帝王猫、巴厘猫等携带过敏原较少的品种。

187 对猫过敏的人也能养猫吗?

**仔细处理猫的唾液可以防止过敏症状恶化,
从而和猫咪一同生活。**

开始养猫后,主人发现自己对猫过敏并出现症状,但也不能因此就弃养,十分烦恼。

虽然不能完全消除过敏原,但只要像下面介绍的那样认真护理猫咪,就能够减轻过敏的症状。

- **每天擦拭猫的身体**
  用拧干的湿毛巾擦拭沾在猫身体上的唾液能够防止过敏原扩散。
- **长毛猫更要认真护理**
  勤加梳毛,擦拭身体。
- **检查口腔内侧**
  猫咪因口炎而唾液量增加时,过敏原也会增加。可以通过治疗口炎、去除牙结石来保持猫咪口腔内部的清洁,也要经常擦拭猫嘴部的唾液。

当然,使用空气净化器、勤加打扫是基础中的基础。

188 寄养猫咪时有哪些注意事项?

在寄养猫咪之前,建议先"相亲"。

接下来为大家介绍寄养猫咪时的要点。

猫咪容易在陌生场所感到兴奋,寄养时,主人可以为其带上毛毯和垫子,因为主人的气味能够让猫咪感到安心。

最近,有些宠物医院也能够寄养猫咪了。如果可以的话,最好在寄养猫咪之前进行实地考察,最重要的是要考察狗狗和猫咪的区域是否分隔开。

宠物保姆(上门喂猫)能够在规定的时间来到家中更换水和食物、清理猫厕所。与到陌生场所相比,猫对于他人来到自己的领地内会更加安心,不容易兴奋。

但是,如果猫咪没有熟悉宠物保姆的气味的话,即便猫厕所已经被清理干净,猫咪仍旧会在意"陌生人的气味",由此导致排泄出现问题。

事先让猫咪和宠物保姆见面,让猫咪熟悉气味或许会更好。

189 猫总是想外出，应该怎么办？

这是猫咪已经厌倦这个房间的信号，
可以多陪它玩耍或暂时遮挡它的视野。

有些主人向我咨询："将来到阳台的猫咪接到家中，但是猫经常发出叫声想要外出。"像这样完全在室内饲养原本在室外生活的猫时，需要花费时间和耐心。

但是，原本室内饲养的猫想要外出时，有可能只是因为无聊。猫咪想要外出的理由主要有以下几点：

- **想要转换心情**
  对这间屋子感到厌倦，对玩具也感到无聊。
- **有鸟或虫子**
  想要玩耍、捕捉。
- **有其他猫咪**
  必须守护领地。

如果是第一种情况，可以设置新的玩耍场所和添置新玩具，主人多花些时间和猫咪玩耍便可解决。

如果是第二种或第三种情况，可以拉上窗帘，暂时遮挡外界环境。视野被遮挡后，猫咪会逐渐变得安静。

190 猫走失了怎么办?

最初的 24 小时很关键。
要牢记即便是亲人的猫咪看到机会也会逃走。

猫咪走失不见时,最初的 24 小时是决定性的时刻。因为 24 小时以内猫咪不会走出距家 1 千米的范围。在这个范围内找到猫咪的可能性较大。

接下来,为大家介绍一下寻找猫咪的顺序。

- **联系附近的朋友或邻居一同寻找猫咪**
  人越多,找到的可能性就越大。
- **同时张贴描述了猫咪特征的海报**
  或许很多人有保健所会扑杀走失猫狗的印象,但如果有人收留走失猫狗或许也会联络保健所。通过海报告知主人的联络方式也十分重要。
- **联系保健所**
  以防猫咪在某处被捕,或是遭遇交通事故。

走失的猫咪有很多,有时我们也会怀疑猫咪是否具有归巢的本能。特别是夏天,很多人会为了通风而打开大门,此时要格外注意。即便非常亲人的猫咪在看到大门和窗户敞开时也会想逃走,还有些猫咪会破坏纱窗出去,主人绝不能放松警惕。

Q&A 猫与麻烦事

191 找猫有哪些诀窍?

不要只看下方,也要注意上方!不要大声呼唤猫咪,而要用气味吸引它。

接下来为大家介绍寻找走失猫咪的诀窍。

- **寻找隐蔽的场所**
  猫咪或许会藏在走失的场所周围的空调外机、自动贩卖机、汽车的下面,以及树丛、花坛等处。
- **也要看上方**
  猫咪会爬到树上和置物架上方等较高的地方。
- **用日常的声音呼唤猫咪**
  如果大声呼喊猫咪会让它感到害怕而不敢出现,应该用平常的声调呼唤猫咪的名字。
- **携带沾有猫咪气味的物品**
  自己的气味意味着领地,也意味着能够安心出现。
- **从傍晚到深夜搜索**
  要在猫咪活动的时间寻找猫咪。此时遇到猫咪的概率会更大。

将猫咪经常食用的食物分别放置在几处,在食物的周围撒上它经常使用的猫砂。或许有人会遇到被"熟悉的场所"吸引而来的猫咪。

Q&A
猫与麻烦事

192 是否应该给猫植入芯片？

为了不和猫咪分离，建议植入芯片。

走失的猫咪被收养，但主人却对这件事一无所知。这种情况时有出现。

为了避免这样的事情发生，有人开发出了个体识别用的芯片。虽然这类芯片不带 GPS，无法确认走失猫咪的位置，但如果猫咪在某处被发现则有可能再次被看到。

芯片的直径约为 2 毫米，长度为 8～12 毫米，尺寸比米粒稍大，可通过皮下注射置于猫咪体内。因为注射是一瞬间的事，所以不必麻醉。并且，只要注射一次，就能够半永久地使用。

在我的医院，注射芯片的费用大约为 5000 日元（合人民币约 240 元）。在日本兽医协会注册的费用为 1050 日元（合人民币约 50 元）。日本的都道府县会提供补助，当猫咪完成绝育手术后，可以申请补助金，大约可以返还 1500 日元（合人民币约 96 元）的费用。

芯片会带有 15 位的编号，通过这个编号能够确认猫咪的身份。它不仅能在猫咪逃跑时发挥作用，在主人遭遇失窃或灾害等状况后不得已和猫咪分开时，也能够帮助主人找到猫咪。

2019 年日本修订了动物保护法，为猫狗植入芯片被规定为主人的义务。请主人们开始准备起来吧！

Q&A
猫与麻烦事

193 植入芯片后就能找到猫吗?

通过芯片顺利找到猫咪,夏威夷走失猫咪的故事。

我曾经历过这样一件事:一位居住在夏威夷的熟识的兽医给我发送邮件"发现走失的猫咪,调查后发现猫咪体内植入了日本的芯片"。

我搜索了芯片的编号,找到了主人的名字和住址。原来主人和猫咪从东京新宿一同搬到了夏威夷居住。

通过芯片,猫咪顺利回到了主人的身边。

除了这样的案例之外,芯片在发生地震等灾害时也会发挥很大作用。通过日本环境省的调查,日本关东大地震后被收留的猫狗中,没戴防丢失名牌的猫狗几乎都没有找到主人。

防丢失名牌或项圈可能会被摘掉或被破坏,但植入芯片的话则完全不用担心遭遇这样的情况。

迄今为止还没有出现植入芯片后宠物健康受到影响的报告。为了避免和心爱的猫咪分离,建议为猫咪植入芯片。

第 6 章

发现猫身体不适的信号

猫生病了怎么办?
怎样找到值得信赖的宠物医院?

194 为什么很难发现猫身体不适？

**猫咪会隐藏不适，等主人发现时，
病情往往已经较为严重了……**

猫咪十分擅长隐藏疼痛等不适。让他人看到自己脆弱的时刻就是在给敌人机会。对于人类的态度也是"不想被抚摸""让我安静地待着"，保持一定距离。在猫看起来明显状态不好时病情已经较为严重了。

为了及时发现猫咪身体不适的信号，应该每天抚摸猫咪、抱抱猫咪。"每天抚摸"就是最佳的预防。

猫咪比其他动物更容易罹患肿瘤，特别是雌性猫咪患有乳腺肿瘤的情况很常见。这种疾病只要触摸猫咪的身体就能立刻发现，在早期阶段及时发现，是可以治愈的。

此外，皮毛的光泽度也能够反映出猫咪的身体状况，每天抚摸猫咪才能发现这样的变化。

　食欲不振或排泄异常通过观察能够发现,但也有很多只有触摸猫咪的身体才能发现的疾病。

　不仅如此,抚摸猫咪也能够增进主人和猫咪之间的信赖。早期发现疾病的关键在于主人要多与猫咪沟通。

猫与健康

195 为什么最近猫毛变得很杂乱？

观察猫咪的皮毛能够了解其身体状况。

主人每天一定要预留出抚摸猫咪的时间。猫咪的很多身体状况首先会通过皮毛表现出来。经常抚摸猫咪可以对其健康状况有所了解。

通过皮毛的状态能够了解以下的不良状况。

- **皮毛粗糙、失去光泽**
  饮食过量、消化不良，或是内脏类疾病引发的腹泻，也可能患有慢性肾病、肝功能障碍、免疫缺陷类疾病。
- **打结的毛球变多**
  或许是患有口炎。口炎会导致口水变多，在这种状态下舔毛的话会沾染大量的唾液，容易出现打结的毛球。

通过检查皮毛的状态也能够发现慢性疾病的蛛丝马迹。实际上，来我的医院就诊的猫的皮毛基本不是特别好。当然，猫咪正是因为身体状况不好才会来医院，但很多主人并没有发现猫咪的不适。在和猫咪接触时有意关注皮毛状况和光泽，才能发现猫咪身体状况的变化。

196 抚摸的时候发现猫身体有结节怎么办?

猫咪的肿瘤很容易发展为恶性,每天抚摸猫咪的身体时要注意仔细检查。

抚摸猫咪或与猫咪接触时很容易发现结节。猫咪身体结节中最危险的就是肿瘤,特别是乳腺肿瘤,九成的乳腺肿瘤都是恶性的,在早期发现能够拯救猫咪的生命。8岁以上的雌性猫咪易患乳腺肿瘤,主人应该每天抚摸猫咪,确认其状态。

从头顶到尾巴仔细地检查,特别是要确认腹部(前腿的根部、腋下到大腿内侧)或是胸口的部位是否有结节或豆粒大小的疙瘩。一经发现请立刻前往宠物医院接受细胞学检查。这些部位出现的结节大多为乳腺肿瘤,雄性猫咪偶尔也会患有这类疾病。

此外,抚摸猫咪的体表能够确认其淋巴结的状况。如果淋巴结周围有炎症的话就需要注意了,有时肿瘤转移也会导致淋巴结肿胀。

无论哪种情况,只要经常抚摸、接触猫咪就能够发现。和饲养的猫咪接触,也具有交流之外的意义。

197 触碰结节时,
猫没有痛感,是否
无须担心?

猫咪在被抚摸时并没有感到疼痛,没关系吧?
不是,没有痛感更危险!

如果在猫咪的身体中发现了结节,请不要用力地按压。

轻柔地抚摸猫咪,出现疼痛反应的话,有可能是受伤或碰撞等引发的炎症,甚至会化脓。像这样的情况,几乎都是良性的结节。

需要警觉的是"不疼的结节"。如果触摸结节猫咪也没有感到疼痛的话,除了前文提到的肿瘤之外,也有可能是淋巴肿瘤、分泌物滞留、脂肪瘤等疾病。

触摸结节时猫咪没有表现出疼痛,很多主人会觉得"不需要担心"。但是,结节关乎重症。

结节会出现在猫咪身体的各个部位,从头顶到尾巴。如果猫身上有结节或豆粒般的疙瘩,且触摸后猫咪也没有感到疼痛,请立即前往宠物医院就诊。

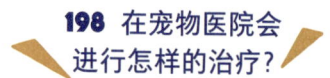

198 在宠物医院会进行怎样的治疗?

在宠物医院中,无论哪种结节都需要进行细胞学检查。

接下来主要介绍在宠物医院进行的结节治疗方法。

结节有腺体或身体其他部位脂肪的良性堆积和恶性肿瘤等各种类型。像疙瘩这样的小结节在后期也有可能会发展为癌症,有很多结节通过肉眼无法判断,基本上都要进行细胞学检查。医生将针插入结节中,抽取少量结节中的成分,用显微镜检查,并根据其结果决定治疗方案。

"一年多之前就有结节了""触摸时猫咪并没有感到疼痛"等原因很容易导致肿瘤没被及时发现。动物的1年相当于人类的4~5年。请不要忘记猫咪的发病进程很快。

199 猫睡觉时会打呼噜，无须担心吧？

规则的呼噜并没有太大的问题，需要注意的是不规则的、低沉的、大声的三拍子呼噜。

"呼——呼——""呼噜——呼噜——"，如果猫咪的呼噜声是随着睡眠的呼吸声发出，具有一定节奏，低沉且尖锐，并没有太大的问题。这是猫咪睡眠质量好的表现。

有问题的是不规则、低沉且音量大的呼噜。不仅睡觉期间，清醒时的呼吸也会出现这种声音。

打呼噜的原因多为肥胖或患有病毒感染导致的鼻炎等，但需要主人注意的是肿瘤引起的呼噜声。

如果是肿瘤，除了打呼噜之外，还会有食欲不振和体重减轻等症状。如果鼻子流出黄色液体和血液混合的鼻涕，请立即前往宠物医院。

打呼噜是因为鼻腔内的空气流通较差，呼吸道发生震动。异国短毛猫等因面部扁平而受到人们喜爱的猫咪更容易打呼噜。

200 猫咪会流眼泪吗？

流眼泪是感冒的信号。请调高房间的温度，并将湿度维持在 50%。

在寒冷的季节，猫咪早晨醒来后容易流眼泪，有可能是患上了感冒。

猫咪感冒意味着它可能感染了猫鼻支（猫疱疹病毒）、猫杯状病毒等传染病。特别是猫鼻支，即便治愈也无法根除，病毒会潜伏于神经中，在免疫力下降或身体状况不佳时再度发病，出现流泪、打喷嚏、流鼻涕、结膜炎等症状。

此时应保持室内温暖且湿度为 50% 左右，让猫咪充分摄取食物和水分。

如果出现食欲不振，送猫咪去就医比较好，但如无其他症状，猫咪能够自愈。

除传染病外，以下的疾病也会导致猫咪流泪。

- **结膜炎**
  眼皮内侧的结膜发炎，眼睛周围或眼皮的内侧红肿，容易导致流泪和出现眼屎。严重的话，眼皮会紧贴眼球，导致无法睁眼。猫咪之间也会相互传染。
- **异位性睫毛**
  从眼皮内侧生出的睫毛不断刺激眼角膜，形成慢性角膜炎。睫毛经常会刺激角膜，造成压力型身体不适。

无论是哪种情况，都请在宠物医院接受治疗后在家中为猫咪进行滴眼药水和涂抹软膏的护理。

201 可以给猫使用人类的眼药水吗?

有可供猫使用的眼药水,使用前请咨询兽医。

猫和人类一样会眼睛干涩,也会有双眼发红、眼角处有分泌物、眼睛酸胀等症状。

覆盖眼睛表面的泪液主要由脂质层、液层、黏液层组成。脂质层(即油脂成分)无法顺利分泌是造成眼睛干涩的原因。即便流出眼泪,也会因无法在眼球的表面停留而被冲刷掉,从而蒸发。

现今,市面上还没有猫咪专用的眼药水,因此有时会给猫使用人类的眼药水。但是,人用眼药水中的防腐剂等成分可能会给猫咪带来不良影响,在使用前请先向兽医咨询(医院也会开出猫用眼药水的处方)。

当眼睛出现瘙痒等不适症状时,猫咪会用前爪抓挠,或是摩擦墙壁、地板,这样会加重炎症。请给猫咪戴上伊丽莎白圈。

眼干有时会进一步发展为结膜炎。如果发现猫咪的眼睛有异常,请尽早就医。

202 猫的眼角发黑怎么办?

通过眼睛分泌物的颜色能够判断猫咪的身体状况。白色、黑色、灰色为健康,黄色和绿色是身体不适的信号。

如果在猫咪的眼角发现了分泌物,请检查一下它的颜色。白色、灰色、黑色表示猫咪健康状况良好。如果分泌物呈咖啡渣一样的红色或红棕色,虽然看起来有些吓人,但其实也是正常的。

当眼角分泌物为黄色或绿色时,主人需要注意。人类在患上感冒时,也会分泌出黄色和绿色的痰液。分泌物呈现这样的颜色多为细菌感染。此外,因外伤而导致眼角有分泌物的情况需要立刻就医。

眼角分泌物如果不及时处理,就会结块,造成皮肤炎症,看到分泌物后请立刻擦拭干净。如果分泌物已经变干,不方便擦拭,可是尝试下面的方法。

(1)用温水化开少许人用的洗面奶。

(2)用化妆棉或纱布蘸取上一步的混合液,拧干后擦拭猫咪的眼角。

有些湿巾有酒精成分,会刺激猫咪的眼睛,请勿使用。

203 主人能够自行检查猫的眼部健康吗?

眼部疾病很难发现,每天都和猫咪对视吧。

接下来,为大家介绍主人在家中能够进行的眼部健康检查。

- 眼皮内侧(结膜)是否发红。如有发红,则考虑结膜炎。检查左右眼睛的颜色是否不同
- 瞳孔是否为纵向、细长形
- 瞳孔轮廓是否分明
- 两端是否歪曲、缺角
- 左右的瞳孔大小是否有差异
- 瞳孔是否浑浊

上述检查事项中无论哪项出现异常,都请去往宠物医院,由宠物医生判断是由年龄增长造成的还是由疾病导致的。

特别是左右眼球存在差异的状况,这不仅是由眼睛的老化和眼部疾病造成的,也有可能是除此之外的疾病(外耳炎等耳部疾病、神经疾病、肿瘤)的表象症状。

204 如何判断猫咪的视力是否正常？

可以用棉球确认。

猫咪的视力会随着年龄增长而变差。请确认猫咪的视力是否正常。

- 用棉花制作一个小球
- 在猫咪脸部旁边扔下小球。左右两侧都要进行（分别确认两只眼睛的视力）

如果猫咪的眼睛会追随掉落的小球，则说明其视力正常。

如果在面部正面从上向下扔下小球，猫咪没有反应，这时需要去医院确认猫咪是没有看到还是视力异常。

使用小棉球是因为它能够缓慢落下，且落地时不会发出声音，如果猫对声音有所反应则无法确认眼睛的功能是否正常。兽医也是通过这个方法来检查猫咪的视力。

在光下，猫咪的瞳孔无法缩小也是异常的表现。有可能是眼部功能衰退，也可能是看不见了。

此外，高龄犬常见的白内障和绿内障几乎不会出现在猫咪身上，但猫会有晶状体变硬、变白等被误判为白内障的状况。这是被称为核硬化症的衰老表现之一，如果猫咪的视力没有问题，但主人在意这类症状的话，请向医生咨询。

205 猫能看到多远?

猫视力很差,但是视野却很广阔,能够在 1 秒钟内感知 4 毫米物体的动作。

人类的视野大约为 180 度,而猫咪的视野为 250 度(狗为 220 度、马为 357 度,马几乎能看到除正后方以外的所有地方)。

如前文中提到的,猫的视力不太好,一般在 0.1~0.4,是人类的十分之一。对于颜色的识别能力和图像识别能力也不高。

但是,猫是夜行动物,具备在黑暗中看清事物的能力。猫只需要使人类看清事物的光线亮度的六分之一便可识别物体。并且,猫眼捕捉移动物体的能力异常优秀,1 秒钟能够看清 4 毫米物体的移动。

此外,即便在 50 米外猫也能够看清活动的物体,能力惊人。

206 猫的眼角处出现白膜正常吗?

这是"第三眼睑"——瞬膜。短时间出现没有问题,如果长时间能够看到瞬膜,请前往宠物医院。

在犯困的猫咪的眼头处能够看到薄薄的白色的膜。"看起来很困,眼皮快要闭上了……没有闭上,闭上了,又打开了!"

这种白色的膜叫作"瞬膜",也叫作"第三眼睑"。猫通过张开和关闭瞬膜来湿润角膜,去除进入眼中的杂质。瞬膜中有瞬膜腺,能够分泌眼泪,这里分泌的眼泪占所有眼泪的30%~40%。

猫的瞬膜通常会隐藏在下眼睑和眼球中间,几乎不会被看见。偶尔看到瞬膜不代表眼球有问题,但如果瞬膜无法回到原有的位置,则可能有些问题,请尽早就医。

Q&A 猫与健康

207 猫的鼻头干燥，是生病了吗？

**睡眠或休息时分泌的液体会减少，
因此有时鼻头会干燥，这并不意味着生病。**

仔细观察猫的鼻子，就会发现有凹凸的花纹，这叫作"鼻纹"，和人类的指纹相似，是猫咪特有的纹路。这个纹路一生不会发生改变。

为了吸附气味分子，猫的鼻子经常通过分泌液体保持湿润，在睡眠或放松时，分泌液会减少，变得有些干燥。鼻头干燥并不代表生病，主人们不必担心。并且，猫咪在运动和兴奋时分泌的液体会增加。

其实，猫和狗都没有鼻毛，但它们感知气味的黏膜——嗅上皮的表面积约为人类的7倍。因此，化学物质或香烟中含有的致癌物质容易吸附在猫狗的鼻腔内，引发恶性肿瘤。

室外充斥着各种各样的气味。外出时猫狗会嗅到这些气味，这点需要注意。

只要不是猫鼻支就没有问题。
这种行为是为了排出异物，与人类相同。

猫的嗅觉比人类出色，但不会像狗一样有极佳的吸气能力。在猫咪闻气味时，请让其稍微花些时间充分地闻。

猫咪打喷嚏时有些主人会担心，但猫咪在闻到气味后立刻打喷嚏是为了排出鼻腔中的异物。

如果猫咪没有过敏症状或携带猫鼻支病毒，就不需要担心它打喷嚏的问题。

如果是猫鼻支，会出现以下症状：
（1）流泪眼，且量很大。
（2）眼部分泌物为黄色或绿色。
（3）鼻涕为黄色或绿色。

209 猫流口水是生病了吗?

可能是患有口炎。是否想进食是判断的关键!

猫的口水不断流出来，首先要确认是否患有口炎。口炎的正式名称是"慢性牙龈炎"，是猫的多发疾病。从4岁开始，随着年龄增长，猫患有口炎的概率达80%至90%。

猫咪多发口炎的原因尚无法确定，但除了牙龈炎之外，猫白血病病毒、猫免疫缺陷、猫杯状病毒等也有可能引起口炎，有时接种疫苗也有可能使口炎症状减轻或痊愈。

和人类的口炎相同，猫的牙龈和口腔黏膜部分会感染炎症，出现溃疡（红色或白色的患处）。我在出诊时曾看到口腔内部出现大量溃疡的猫咪。口炎恶化的话会导致化脓，猫咪在进食时会因疼痛发出"喵!"的叫声。猫咪患上口炎时连进食都十分困难，请尽早去宠物医院接受治疗。

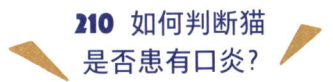

210 如何判断猫是否患有口炎？

前爪粘腻是口炎的关键信号。

如果有信号就好了！比如口水变得黏稠。但可惜的是，猫咪会隐瞒疾病。主人很难在猫患上口炎的初期阶段就发现病症。

如果猫出现了以下症状，则要考虑是否患有口炎。

- **口水变多**
  口腔内部疼痛，无法吞咽口水。溢出的口水沾湿前爪，导致前爪粘腻。
- **食欲减退**
  活动嘴部会很痛苦，逐渐不再进食。
- **口臭**
  口炎多为细菌感染导致，充满细菌的口水流出后，味道非常大。
- **不再舔毛**
  和进食一样，舔毛也会导致口腔疼痛，甚至舌头也会出现口炎症状。

211 发现被猫舔过的地方有臭味怎么办?

请闻一下猫咪口腔内的气味,如果有臭味,则可能患有牙龈炎。

感觉被猫舔过后的地方有些不好闻的气味,有可能是口臭变得严重了。猫没有进食,口中却发出异味,在猫打哈欠时,闻一下其口中的气味就能够发现。

出现口臭的原因之一就是患有口炎或牙龈炎。口臭几乎和这两类疾病并发,细菌繁殖会导致口中的臭味增强。

可怕的是,口臭也意味着内脏可能患有疾病。口腔内部没有异常,却有不好的气味,就有可能患上了这类疾病。

猫易患的肾衰竭的初期症状就是口臭变得严重,且饮水量和尿量增多。如果发现这些症状,需要怀疑是否患有肾衰竭。

从母猫或其他猫咪处获得菌群,因此原本口臭就很严重,这样的猫咪也是有的。它们的主人即便感觉"猫咪的口中有些异味啊",也不会当回事,很难发现异常。保持口腔清洁是猫咪的长寿之道,应该定期去宠物医院检查口腔。

Q&A 猫与健康

212 主人能做的口炎护理有哪些?

主人能够做的口炎护理就是让猫咪按时摄入充足的食物。

接下来为大家介绍口炎的治疗方法。医院的主要治疗方法如下:

- 牙齿治疗
- 接种疫苗

很多猫咪会口炎和牙龈炎同时发作,在这种情况下主要以治疗牙齿为主。去除牙结石,保持口腔内部清洁。

如果是感染导致的口炎,也可以通过接种疫苗治愈。

主人能够做到的护理就是让猫咪摄入充足的食物。因为口炎会造成进食疼痛,猫咪通常会不再进食,这会造成免疫力低下,让病症进一步恶化。主人可以给猫咪喂含有水分的湿粮,加热后喂食能够减轻刺激。

如果口炎过于严重,可能会无法刷牙,但为了避免复发,应该按时清洁牙齿。

213 猫会换牙吗?

没有换掉的乳牙后期可能会出现问题,发现后要及时拔掉。

猫咪的恒牙共有 30 颗。乳牙和恒牙通常在出生后 6~7 个月时完成替换。

但是,有些猫咪无法顺利完成换牙,半年后乳牙并没有掉落,而是和恒牙一同生长。

这是乳牙残留。如果放任不管,会导致咬合不良,从而容易积存牙垢,患上牙龈炎。应该尽早拔除乳牙。

乳牙残留能够在做绝育手术时发现并处理。这也是处理这个问题的最佳时机。

拔牙时需要进行麻醉。如果和绝育手术同时进行,只需要麻醉一次,这样可以减轻猫咪的负担。

猫与健康

214 对猫来说,犬牙很重要吗?

一定要保护好猫的后槽牙,主人应每天给猫刷牙。

吃干粮时,猫咪会发出"咔哧咔哧"的声音,十分可爱。但是,仔细观察就会发现,猫咪并没有仔细咀嚼,稍微咬一下便会吞入腹中。

猫咪不会像人类那样磨碎般地咀嚼食物,其实不咀嚼也能够进食,因此在治疗牙周炎被拔牙时通常比较顺从。

但是,后槽牙(臼齿)却是不同的。后槽牙出现问题的话,猫的咬合功能会变差,位于口腔前侧的犬牙会直接扎进牙龈,导致牙龈受伤,最后发展为牙龈炎,令猫咪十分痛苦(如果拔掉所有牙的话,则无须担心)。

为了预防牙周炎,主人应该进行日常护理,守护猫咪的臼齿。猫咪自己无法舔舐牙齿,因此要仔细地为其刷牙。

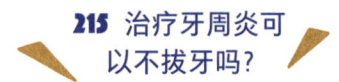

215 治疗牙周炎可以不拔牙吗?

牙周炎是猫咪的常见病,拔牙是最佳的治疗方案。

牙周炎是猫咪的常见病。猫在4岁之后患有牙周炎和口炎的概率会增加,大约八成到九成都会出现口腔问题。

猫咪的牙周炎和人类相同,是口腔内的细菌繁殖导致牙龈和齿根等部位产生的炎症,有时会引发心脏和肾脏方面的疾病。

早期阶段的牙周炎可以通过刷牙或去除牙结石来治疗,但在极度恶化的情况下只能全口拔牙,将犬牙和后方的臼齿全部拔除。

主人听到拔牙可能会认为"变成一件非常严重的事了",从而心情十分低落。但是,猫咪即便没有牙齿也能够进食,这一点无须担心。经过早期处置,60%的病患的病情可以得到改善。

猫咪的每颗前牙都有一个牙根。牙根出现问题会导致牙齿脱落。

不过,一颗臼齿带有2~3个牙根,其中一个牙根化脓的话,不会导致牙齿脱落,但会导致严重的口腔炎症。在这种情况下,只能拔掉牙齿。这也是对猫咪比较好的治疗方案(有些犬牙没有遭受细菌的侵袭,不需要拔除,这时,会发生本书第257页的情况。问题在于采取哪种疗法。此外,有的猫咪被拔除犬牙后会极度虚弱,因此兽医会选择保留犬牙)。

216 猫的牙齿为什么会发黄?

有可能是牙齿表面有污渍,也要注意牙齿是否变色。

很多主人会在意猫咪牙齿的污垢,但大家是否都忽略了牙齿本身变色的问题呢?

猫咪牙齿的颜色为白色或象牙色,即便附着了牙垢或牙结石,牙齿的颜色也不会改变。如果一颗牙齿变为棕色或淡粉色,多是口腔内部出现了异常。牙齿因开裂、缺损导致牙髓发炎、坏死,才会开始变色。

如果发现牙齿变色,请立即前往宠物医院就诊。

Q&A
猫与健康

217 猫经常挠耳下的部位正常吗?

频繁摇头、挠耳下,可能是因为耳朵中有异物。

猫咪的耳朵呈喇叭一样的筒状,空气中的细小物体很容易进入它们的耳道中。但是,我们没有必要为其清洁耳道。猫耳朵的结构允许外部气体进入,因此不容易闷,耳垢也会自然排出体外。灌入洗耳液有可能会导致中耳炎。

但是,如果猫咪频繁摇头、挠耳下,则另当别论。耳朵周围生出的较粗的耳毛有可能进入耳道,过于瘙痒时可以去医院取出。

第 95 页中提到,不可以让猫咪食用鲍鱼或海螺。其原因正是这些食物会导致猫咪罹患耳朵方面的疾病。

鲍鱼和海螺的肠腺中的焦脱镁叶绿酸 a 会到达猫咪耳部的血管中,受到紫外线的刺激后,会引发耳部的炎症,导致猫咪耳朵尖部溶解。

218 猫需要做耳部清洁吗?

**猫咪的耳部疾病多是外耳炎,将手指插入耳洞中,
闻一下味道便能够发现。**

主人能够发现的猫咪耳部疾病就是外耳炎。这是外耳道感染细菌引发的炎症。耳垢无法自然地排出耳道会导致螨虫和细菌繁殖,抓伤耳道也会引发外耳炎。

置之不理,耳朵就会流脓,严重时甚至需要切除外耳道。

猫咪是否患有外耳炎可以通过耳道的气味来判断。主人可以将手指插入猫的耳道,然后闻手指上的气味。

如果猫左右耳道的气味不同或是有非常刺鼻的气味,就有可能感染了外耳炎。

俄罗斯蓝猫和苏格兰折耳猫这两种猫的耳洞狭窄,较容易患外耳炎。主人在日常尤其要注意猫咪的耳朵状况。

其他的猫咪在夏天或是耳朵出现了抓痕时也要注意避免发展为外耳炎。

219 猫张开嘴喘气是生病了吗？

猫咪张开嘴"哈——哈——"地呼吸时，观察一下舌头的颜色。

猫咪在突然奔跑或感到兴奋时，呼吸会伴有"哈——哈——"的声音，如果是年轻猫咪暂时发出这种声音，主人不需要担心。有些猫咪到了医院感到紧张，呼吸时也会发出这种声音。

但是，没有任何状况便呼吸急促则需要多加关注。这时可以观察猫咪的舌头。

- **颜色鲜艳**
  没有问题。可能是太热，或是兴奋。
- **过红**
  散热。触摸猫咪时发现其身体发热的话，则需要考虑是否中暑，可以将湿毛巾盖在猫咪身上，或者降低房间温度。
- **砖红色或青紫色**
  缺氧、呼吸困难。可以给猫咪吸氧。
- **发白的淡粉色**
  有可能贫血。

舌头的颜色没有太大的问题，却发出这种呼吸声，有可能是呼吸器官之外的器官出现了异常。比如，甲状腺功能亢进症，代谢或激素异常等。请前往宠物医院进行检查。

220 冬天猫打喷嚏、咳嗽时怎么办？

穿羊毛衣物的季节是猫咪容易过敏的季节。

人类开始穿羊毛衣物的季节，也是猫咪容易出现过敏症状的季节。过敏原就是屋中的灰尘。主要的症状有打喷嚏和咳嗽。

室内漂浮的干燥灰尘容易给猫咪造成影响，主人可以准备加湿器、空气净化器、抗菌被来预防猫咪过敏。

如果猫咪患有哮喘、气管脆弱，主人在这个季节需要格外注意。症状变得严重的话，推荐给猫咪进行雾化治疗（参见第190页）。

221 开春后猫经常打喷嚏,是花粉症吗?

**猫是否会患花粉症还没有定论。但是,
猫在初春时节容易打喷嚏、流鼻涕。**

猫是否会患花粉症目前尚无定论。狗和猫的过敏原都无法确定是杉树花粉。

但是,初春时节打喷嚏、流鼻涕、流眼泪的猫咪会变多。

猫身上原本携带的猫鼻支病毒在这个时期会变得活跃。

过敏性的鼻涕和非过敏性的鼻涕会有些不同,具体如下:

- **过敏性的鼻涕**
  主要为从鼻子两侧流出透明的液体。
- **非过敏性的鼻涕**
  只从一侧鼻孔中流出的液体,主要为黄色或绿色。带有血液状的黏液可能是牙槽脓肿、肿瘤、异物导致的。

请记录出现流鼻涕、流眼泪等症状的时期。这会成为判断的标准。非过敏性的伴有慢性化脓性分泌物的鼻炎很难完全治愈。及早发现是关键。

222 猫会食物过敏吗?

如果猫咪出现没有原因的瘙痒,请考虑是否为食物过敏。

已经为猫咪进行了体外驱虫,可它还是经常舔舐身体、抓挠身体某处。这有可能是食物过敏。

容易导致猫咪过敏的食物为以下几种:牛肉、鱼、鸡肉、羊肉、小麦、玉米、乳制品。

请确认猫粮的成分表。不过,市面上几乎所有的猫粮中都含有肉类成分。这时,可以食用不含过敏原的处方粮,或者无过敏原的猫粮。其中有些是使用马肉或袋鼠肉制成的,有些是将蛋白质分解成氨基酸的猫粮。

此外,也可以在医生的指导下自制猫粮。

首先检查过敏原,如果食用不含过敏原的食物两周到两个月后过敏症状仍旧没有得到改善的话,需要服用抗过敏药。

223 猫为什么不再爬上猫爬架了？

因为从猫爬架跳下后受伤而有了心理创伤。

猫咪不再爬上高处是怎么回事？猫咪的年龄不同，原因也会有所不同。

- **年轻猫咪**
  首先要考虑是否受伤。猫咪不再爬上高处，有可能是从高处跳下时身体某处受伤了。猫咪的脑海中仍留有那时的疼痛记忆。
- **中年猫咪（7岁以上）**
  到了出现关节疼痛的年纪后，或许跳上跳下会对关节造成负担。

除了不再登上高处外，走路变慢、无法磨爪等都是关节炎的征兆。如果发现这样的症状，请前往宠物医院进行检查。

无论如何，猫咪想去却去不了它们喜爱的地点，是很遗憾的事。

224 应该帮助猫爬上猫爬架吗?

其实猫一直都想爬上高处,可以放置几个小箱子作为跳台。

对于无法爬上高处的猫,主人可以为其创建一个能够轻松爬上高处的环境。

可以设置较低的猫爬架,或是搭建能够让猫顺利爬上高处的跳台。猫很喜欢高处,让猫顺利去往自己喜欢的地方,能够减轻猫咪的压力,使其保持健康。

如果家中有两只以上的猫咪,情况或许会有些不同。有时可能是关系变化导致的。迄今为止,自己一直处于优势地位,占据了高处,但对手更胜一筹的话,就会让出。

猫咪的世界也很不容易啊。

225 猫走路时一只脚不着地是怎么回事?

关节疾病容易被忽视。7岁以上的猫要注意是否患有关节疾病。

猫咪的关节疾病很容易被忽视,几乎都是在诊治其他疾病拍X线片时偶然发现的。被触摸身体后发怒、无法顺利如厕、无法舔毛及磨爪……如果猫咪的行为和往常有所不同,就要怀疑是否患有关节疾病。

在寒冷的季节及睡醒时的走路方式尤其要注意。要关注猫在走路时是否有一只脚不着地、走路拖拉、头部上下晃动等行为。

猫走几步后就会恢复正常的走路方式,因此主人很容易忽视这些信号。关节持续疼痛,有可能是患有老年性疾病或慢性关节炎。

7~10岁以上的猫中超过70%患有变形性关节炎。按照以下的方法,可以确认现在看起来健康的猫咪的关节是否灵活。

(1)是否能180度翻转腕部,脚掌是否能完全贴合腕部内侧。

(2)弯曲肘部时是否能够完全贴合,肘部是否能够伸直。

(3)左右关节的活动是否有差异。

226 猫鼻头处出现凸起物怎么办?

有可能是丝虫病,或者是蚊子叮咬引起的过敏。

进入夏天后,猫咪的鼻头和耳朵处会有湿疹,有些猫咪会感到异常瘙痒。这是被蚊子叮咬后引发的蚊叮过敏症(蚊过敏)。

在室外乘凉的猫咪中,具有容易被蚊虫叮咬的黑色或深色皮毛的猫容易患上这类过敏症。它们的耳朵周围会长有小疙瘩,皮肤隆起,正中央会有像结痂一样的湿疹。

因为很痒,猫会挠耳朵,从而导致出血。

其实,在日本感染丝虫病的猫咪非常少(我在30年问诊生涯中从未遇到过),但因蚊子叮咬导致过敏前来宠物医院就诊的猫咪每年会有20~30只。

预防丝虫病的药物无法预防蚊子叮咬的过敏症,所以有必要进行驱蚊。

涂抹型的驱蚊药有可能会被猫咪舔舐,蚊香对猫咪也不好。请在家中放置对宠物无害的悬挂式驱蚊剂或凝胶型驱蚊剂。

Q&A 猫与健康

227 猫的尿液颜色变浓,是生病了吗?

**和之前相比有什么不同?
下面为大家介绍在家中自检的关键方法。**

猫咪尿液的颜色通常都是很深的。这是因为它们的饮水量较少,且排出的尿液是浓缩后的。

在比较尿液的颜色时,主要是和猫咪之前的情况进行比较。如果比平常的颜色深,有可能是患有尿路疾病或是糖尿病。

接下来,为大家介绍泌尿方面的疾病。

因为体质问题,有些猫咪尿液中带有砂砾(结石),也就是患有尿液砂砾症。这类疾病会导致尿道闭塞,猫的膀胱内侧会出现数量惊人的小砂砾一般的结石。

下面为大家介绍几个关键的检查事项。无论发现哪一种尿液方面的异常,都要前往宠物医院进行检查。

尿液检查

- **颜色淡,排泄次数增加**
  可能是肾脏疾病。
- **颜色深,气味难闻**
  可能是尿路疾病、糖尿病。
- **尿液带血**
  膀胱或肾脏患有疾病(从轻症到重症均有可能),尿管结石等上尿路疾病。

228 猫排尿的次数增加了是怎么回事?

排尿次数很少或很多都有问题,
猫很容易患上肾脏方面的疾病。

我们知道猫排尿次数过少可能会引发一些问题,因此有很多主人认为猫排尿次数很多是一件好事。

其实,排尿次数过多也并非是好征兆。猫很容易患上肾衰竭,从这一点便能够看出猫和肾脏的关系。

猫的祖先生活在干燥的沙漠地带,因此猫具备喝很少的水便可生存下去的能力。使其具备这种能力的主要是肾脏这个器官。

猫的肾脏十分勤劳,但是随着年龄的增长,肾脏的负担会逐渐加重,因此有很多猫患有肾衰竭。

话说回来,猫排尿次数很多有可能是饮水量较大,处于"多饮多尿"的状态。猫的肾脏功能低下时,其体内的水分很难被再次吸收利用,排尿量也会增加。因此,为了补充身体的水分,就会大量饮水,然后再次大量排尿。

"多饮多尿"几乎都是由肾脏的异常引发的。可以采集猫咪的尿液到宠物医院进行检测。

229 如何采集猫的尿液？

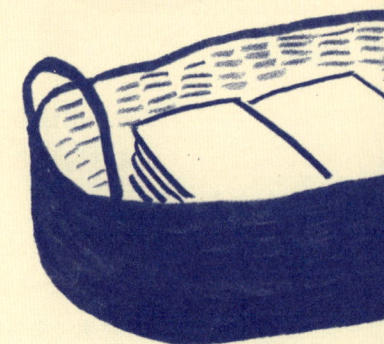

采集猫的尿液是兽医建议主人一定要掌握的技能。

接下来为大家介绍采集猫咪尿液的方法。

- **用长柄勺接取**
  在猫咪即将排尿时，将长柄勺伸至其两腿之间。为了不影响猫咪排泄，应该使用长柄的勺子。
- **在猫砂上铺垫保鲜膜**
  在猫砂上放置保鲜膜或是透明的塑料布，也能够采集尿液。

使用双层猫砂盆的话会更加简单。这种猫砂盆分为上层和下层，在上层放置纱布，下层放置能够吸收尿液的尿垫即可。

在猫咪排尿时去除尿垫，就可以成功采集猫咪的尿液。采取这个方法，猫厕所也能够保持平常的状态，不会给猫咪造成压力。

尿检是定期的保健诊疗，应尽量定期检查。但是，在宠物医院采集尿液十分麻烦。原本猫排尿的次数就很少，宠物医院无法判断猫何时会排尿，因此经常会让主人在家中取尿（主人将猫的尿液装入玻璃吸管或酱油瓶中）。

取尿是兽医建议主人一定要掌握的技能之一。

230 不同种类的猫应该注意的疾病有哪些?

长毛猫 1 岁前一定要检查尿比重。

金吉拉等长毛猫容易患有多囊肾。这是肾脏中出现多个囊肿(由液体形成的袋状物),肾功能逐渐下降的遗传性疾病。

饲养这种猫的主人应该在猫 1 岁之前带其检查尿比重。

尿比重就是尿液颜色的浓度。通过检查猫咪浓缩尿液的能力可以判断其健康状况(一般颜色越浓,浓缩能力越强)。

人类培育的纯种猫有可能患有遗传性疾病。因为其基因中带有缺陷,而这种缺陷基因会遗传给下一代。这一点需要格外注意。

最近发现,美国短毛猫、苏格兰折耳猫等混种猫也可能患有多囊肾。

Q&A 猫与健康

231 猫被烫伤怎么办?

首先冷却伤处!猫咪虽然耐热,但是也会遭遇低温烫伤。

首先,要冷却伤处。将放有冰水的塑料袋(或是冰囊)放置在烫伤处,如果是全身烫伤,则需要将用冷水淋湿的纱布或毛巾覆盖身体,保持凉爽的状态前往医院。

夏季,柏油马路或汽车外部会因阳光直射而变得滚烫。猫咪接触这些地方会导致足底烫伤。

除了这样的直接烫伤之外,必须要注意的还有低温烫伤。天气变得寒冷后,不少人家会使用电热毯和热水袋。因在放有这类物品的场所长时间保持相同的姿势而导致低温烫伤的猫咪也有很多。

虽然感到过热时可以移动身体,但猫咪是十分耐热的动物,因此很容易遭遇低温烫伤。

遭到低温烫伤的部位会脱毛,皮肤变得干燥,但猫的皮肤表面覆有皮毛,主人很难发现,通常都是经过1~2周之后才来医院。因为救治不及时导致病情变得严重的案例非常多。冬天请大家一定要注意排查家中是否有导致猫咪遭到低温烫伤的隐患。

232 猫喝牛奶后腹泻是怎么回事?

猫咪无法消化牛奶,喝牛奶可能会导致腹泻。

大家经常会看到给幼猫喂牛奶的场景吧,

其实,猫咪并不适合喝牛奶。随着年龄的增长,猫咪体内能够分解牛奶中含有的乳糖的酶会逐渐流失,饮用牛奶会导致消化不良,甚至腹泻(猫用牛奶的话没有问题)。

猫咪的腹泻主要有以下两种类型。

小肠型腹泻

- **症状**
  一次的排便量较多,呈水状。长时间蹲坐在猫厕所中,没有残留的便意。
- **原因**
  多是消化不良、食物中毒、病毒感染。肝功能障碍和肾脏类疾病也会引发腹泻。

大肠型腹泻

- **症状**
  排便次数较多,经常性排便。仿佛发生紧急状况一般冲向厕所,却很难排出,具有残留便意。
- **原因**
  有时可能是内脏类疾病导致的,但更多是细菌感染造成。

如果猫咪持续腹泻几天,请前往宠物医院就诊。携带猫咪刚排出的粪便或是粪便的照片,能够为诊疗提供帮助。

233 既然猫会腹泻，那也会便秘吗？

猫咪排便时发出低低的叫声，有可能是便秘。
主人需要观察排便量。

排便时猫咪是否会发出低低的叫声？在厕所待了很长时间，但是排便量却很少？如果发现这样的情况，则猫咪可能便秘了。

猫因为身体结构的原因摄取纤维较少，因此可以将水分留存在体内，粪便也较硬。

在触诊便秘的猫咪时，我发现大多数猫的盲肠到直肠中的粪便不是连接起来的。即使是每天排便的猫咪也会有相同的症状。其实，比起每天排便，排便顺畅更为重要。排便是否正常并非是依靠天数判断。此外，细细的粪便要比坚硬且小块的粪便更好。

投喂猫咪助消化的食物，能够在 48 小时内治愈暂时性便秘。

腹泻是重大疾病的信号，应较便秘更受重视。但是，便秘对猫咪来说很痛苦，如果没有改善的话，请前往宠物医院就诊。高龄猫咪尤其容易便秘，我在就诊时也经常看到很多需要定期人工通便的猫咪。

Q&A 猫与健康

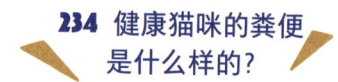

234 健康猫咪的粪便是什么样的?

形状、颜色、量是关键。在清理猫砂时,可以通过用手按压粪便来确认坚硬度。

粪便的颜色和形状可以体现猫咪的健康状况。主人需要每天关注猫咪的粪便。

关注的重点是和平常是否有所不同。正常粪便的特征如下。

- **形状**
  湿度以粪便上能附着猫砂的程度为宜。不会过分柔软,用纸巾捏住也不会沾染到纸巾上。
- **颜色**
  比猫粮的颜色深一些,呈深棕色。
- **量**
  如果粪便的硬度和排便频率正常,则无须过度关注。
- **气味**
  如果形状正常则无须关注气味。放屁次数增多的话则可能是患有肠道疾病。
- **没有异物**
  没有线、石头、果核等猫咪不应食用的物品。
- **没有血**
  发现便血后应立即前往宠物医院。

235 猫粪便中出现虫子怎么办?

如果虫子已经排出，就没有问题了，不过以防万一，每个月都应该投喂驱虫药。

猫咪的排泄物和呕吐物中的虫子基本都是蛔虫。驱虫药能够将猫腹中的虫子一并去除，在投喂驱虫药后，很多主人会因看到猫咪排出虫子而感到震惊。

蛔虫很容易分辨，就是猫咪粪便中的又白又长的虫子。主人看到意味着虫子已经排出，就无须担心了。每个月喂食驱虫药的话，猫咪基本不会再感染寄生虫。

即便猫咪的生活环境很干净，其体内也可能会有寄生虫，需要定期使用驱虫药。

Q&A 猫与健康

236 猫吐了很多东西,要紧吗?

猫经常呕吐。每周吐两次是正常的生理现象。

猫是经常呕吐的动物,每周吐两次是正常的生理现象,无须担心。只要了解猫在何时吐了哪些东西,就不必慌张。

猫经常会在这些情况下呕吐。

- **空腹时**
  两次进食的间隙胃中很空,胆汁逆流到胃中,引发呕吐。或者,有些猫咪在寒冷时身体耗能会增加,由于过度饥饿而呕吐。
- **进食过快、过量**
  在进食期间或是在进食后食物尚未消化的状态下立即呕吐,这是胃部突然扩大(食物膨胀)所导致的,通过减少每次的喂食量来调节即可。有时猫咪也会食用呕吐物。
- **吐毛球时**
  这是为了防止胃中堆积大量的猫毛。

猫的呕吐物通常为白色的泡沫(胃液)、黄色或棕色的液体(胆汁)。

如果发现猫咪的呕吐物中混杂了血液和异物,请立即前往宠物医院就诊。

237 猫经常想吐，要紧吗？

**其实，有时候也可能是在咳嗽，
咳嗽和呕吐的动作十分相似。**

猫咪有时会做出干呕的动作，好像有异物卡在喉咙处，发出"咳、咳"的声音。主人往往会将这种动作误认为"想呕吐"。

有位主人对我说："猫咪昨天晚上做出想要呕吐的动作十几次……"经过检查，我发现是咳嗽，这种情况很常见。

如果猫咪只是想要呕吐，不会有什么大碍；但是猫咪咳嗽的话，有可能是患有心脏病或哮喘等严重疾病。猫咪平时几乎不会咳嗽。

如果无法分辨猫咪是咳嗽还是想吐，可以将猫咪当时的情况拍摄下来，然后去宠物医院咨询。

238 猫出现怎样的呕吐症状时应该去宠物医院？

**如果感到猫咪呕吐的次数过多，
请认真记录，并给呕吐物拍照。**

人们常常抱着"猫咪经常呕吐"这样的想法而掉以轻心，但是发现以下的情况，请立即前往宠物医院就诊。

- 呕吐次数增加
- 喷射状呕吐
- 呕吐物中有血

猫易患的肾衰竭的早期症状之一就是呕吐的次数突然增加。

此外，如果发现猫咪的呕吐次数突然增加，请掰开猫咪的嘴部观察喉咙深处，确认舌头或喉咙深处是否有缝纫线或骨头等异物。

如果呕吐物中有血，有可能是胃炎、肿瘤、胃溃疡（消炎镇痛类药物服用过量）、吞食异物及其引发的肠胃损伤、寄生虫、中毒、肾衰竭等导致。

请记录猫咪呕吐的情况，如呕吐的日期、次数，呕吐前的饮食，呕吐的时间段，以及是在进食前还是进食后呕吐，等等。将呕吐时的场景拍摄下来对诊断有辅助作用。

239 猫下巴处出现了黑色颗粒怎么办?

这是所谓的"猫咪痤疮",擦拭多余的皮脂可以改善这一状况。

主人有时会在猫咪的下巴处发现黑色的小颗粒,这就是"痤疮"。

出现在下巴处是因为此处皮脂腺的分泌物较多,但猫咪却无法舔舐到。皮脂将毛发凝成一绺一绺的状态。

如果是轻度的痤疮,猫咪也没有感到瘙痒,可以用浸过温水并拧干的湿毛巾擦拭猫的下巴。

如果黑色颗粒转变为红色痤疮,出现一定程度的破损,则有可能是细菌感染,需要使用抗生素进行治疗。

极少数情况下,猫咪的痤疮会恶化,下巴周围的皮肤变得红肿,治愈后又立即感染,不断反复,还会留下疤痕。如果发现"黑色颗粒变成红色",应立即前往宠物医院就诊。

240 猫流鼻血了怎么办？

请立即前往宠物医院。"不流血了就没事了"，这种常识不适用于猫咪。

如果发现猫咪流鼻血，请不要犹豫，立即前往医院。"不流血了就没事了"这种常识不适用于猫咪。

人类经常会流鼻血，因此很多人对此不太在意。但是，猫咪几乎不会流鼻血，流鼻血就说明病情严重，有可能是肿瘤类疾病的征兆。

猫鼻支严重的幼猫流出的鼻涕中也会带血，无论哪种情况都要十分警惕。即便出血量很少也要立即前往宠物医院。

241 散步的途中被其他猫咬了怎么办？

野猫可能携带有各种各样的细菌，以防万一还是要去宠物医院处理。

猫咪打架时，家养的猫咪可能会被咬伤。受伤后可能不会立即出血或红肿，只是留下牙齿的痕迹。但是，如果放任不管

的话,可能会引发感染,导致情况恶化。

猫咪的口腔内有很多细菌,伤口虽然愈合了,但脓液仍会积聚在皮肤下,导致红肿。

请观察一下猫咪的口腔内部。最前面的犬牙十分锋利,并且很长。

有些伤口虽然看似很小,但却很深。如果出现伤口,应该尽早使用抗生素药物治疗。

此外,野猫有可能携带猫艾滋病毒和猫白血病病毒,这类病毒会在猫之间传播,被咬伤的话,感染概率很高。

抓挠的伤口也会引发感染,如果猫咪因打架受伤的话,请前往宠物医院接受病毒检测。万一出现阳性的情况,注意不要让猫咪出门。

为了降低感染疾病的风险,不推荐散养猫咪。

242 无法分辨哪只猫腹泻、哪只猫呕吐怎么办?

首先请检查它们各自的厕所,如果无法分辨清楚,请检查它们的屁股。

饲养多只猫咪的主人有时会有"回到家后,发现有呕吐的痕迹""猫厕所里有血"这种烦恼吧,而且很难分辨到底是哪只猫咪的身体出了状况。

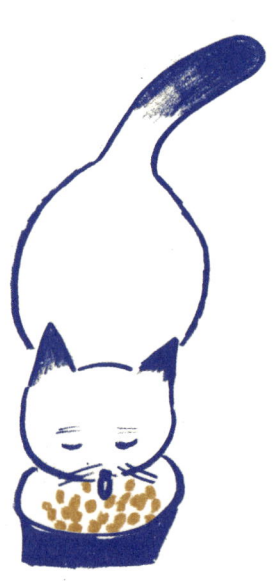

像这样的情况，可以检查猫咪的口腔和屁股周围是否有呕吐物和粪便的痕迹，以及身体和屁股处是否有相应的气味。

如果想要找出有血尿的猫咪，原本猫厕所是固定的话，只要检查猫厕所即可，但多猫家庭的猫厕所中经常会出现带有血迹的尿团，很难判断是哪只猫出了问题。

这时，可以在猫咪上完厕所后立即用纸巾擦拭猫咪的屁股。如果纸巾上有红色的印记，则表明是这只猫咪尿血。

进食的姿势和行动的灵敏度也能够帮助主人分辨是哪只猫的身体出了状况。与平常相比显得很没有精神的猫咪，一直躲在阴暗角落的猫咪，可能身体状况不佳。

243 何时应该去宠物医院就诊?

和平时不同、食欲不振、体重减轻,看起来似乎有异常。

和平时不同就表示身体有问题。例如,每个月呕吐两次的猫咪突然每周呕吐两次。虽然这种呕吐频率很常见,但是对于这只猫咪来说是不正常的。

"和平常不同,这种情况下必须去宠物医院吗?"或许有很多主人都会感到迷茫。

和平常不同,并且还出现了以下某个症状,请立即前往宠物医院。

- 食欲不振
- 体重减轻

当然,主人若发现猫咪呼吸困难、痉挛、骨折、重伤等,应该立即前往宠物医院就诊。

244 不是只有我家的猫不喜欢去宠物医院吧?

去宠物医院对于猫咪来说压力很大。极度抗拒或恐惧时，有些猫咪会大量出汗。

对于猫咪来说，去宠物医院会承受非常大的压力。在接受身体检查时，有些猫咪会因为过度恐惧而出现攻击性行为。这时，用毛巾遮住猫咪的视线可以让它安静下来。我的宠物医院中有"猫咪毛巾"，注射治疗都是通过毛巾背部的小孔进行的。这是从长年的治疗经验总结出的诀窍。

有些猫咪来到宠物医院后明显感到惊慌并想逃跑，也有些猫咪会吓得一动不动。

仔细观察，紧张的猫咪的脚底会有大量的汗液。有时，有的猫咪分泌的汗液多到会让人惊讶道："欸？检查台上都是水。"

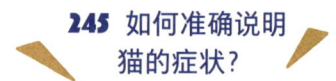

245 如何准确说明猫的症状？

视频和照片有助于说明症状。

我从事宠物医生这个职业已经30多年了，从来没有见到过非常喜欢来宠物医院的猫。猫非常不喜欢去宠物医院，因为猫不像狗一样需要每年注射一次狂犬疫苗，所以很难放松地来到宠物医院，但是如果可以的话，希望主人能够每年定期带猫去宠物医院检查。

我认为不必进行血常规、B超、X线等诸多检查，依靠兽医的触诊就能够发现很多状况。

如果平常有十分在意的事，即便微不足道，也要认真记录，以便向兽医咨询。等到症状明显时，病情可能已经恶化，对于猫来说治疗的负担也很大，有时可能为时已晚。

有些主人会携带猫咪腹泻后的粪便或呕吐物前来就诊。如果无法携带实物，也可以拍摄照片。猫咪的行为有变化时可以拍摄视频。

照片和视频对医学检查有很大帮助，受到一些宠物医生的青睐。

拍照

- 粪便（腹泻或便秘）
- 尿液
- 呕吐物

视频

- 抬起脚爪
- 站起来的姿势很奇怪
- 呼吸不对劲
- 咳嗽
- 叫声奇怪
- 不停地走动

246 可以不进行麻醉吗?

麻醉并不可怕,无麻醉治疗风险较大。

不少主人会对麻醉和镇静剂感到不安,但是,感到疼痛、害怕却又不得不接受治疗的猫咪不是更加可怜吗?

对于猫咪来说,因恐惧引发的血压变化和心跳加速其实会比麻醉和镇静剂带来的负担更大。

兽医为猫麻醉和注射镇静剂后,能够在给猫造成最小负担的情况下为猫治疗。

特别是高龄猫咪需要麻醉时,有的主人会问:"猫咪年纪较大,很担心麻醉的风险。"但是,高龄并不等于麻醉风险大。患有导致心肺功能和代谢功能下降的疾病的猫咪的麻醉风险才比较大。彻底进行术前检查,在麻醉前评估猫咪身体状况十分重要。

最近,也有无麻醉去除牙结石的做法。麻醉的目的是消除疼痛。无麻醉的做法会让猫咪感到疼痛,加重其恐惧心理。只是清洁牙齿表面,牙根处的病症仍会发展。进行麻醉也能够让猫咪接受彻底的检查。

在美国这类动物医疗手段较为先进的国家,即便只是进行简单的治疗,也会为了避免让猫咪感到疼痛或恐惧而进行麻醉或注射镇静剂。而在日本,较为常见的做法是让猫咪忍受疼痛,比较来说,还是后者的做法更危险一些。

247 如果每天都去看望猫咪，会给宠物医院带来不便吗？

**即便只住院几日，也请每天看望猫咪，
和主人接触就是最有效的治疗。**

必需住院进行的治疗通常需要麻醉，这种情况多是手术。

对于猫咪来说，住院是非常重大的一件事。请将带有主人气味的物件一同放在猫咪住院时待的笼子中吧。比起猫咪自己使用的毛毯，带有主人气味的物品会让其更安心。

前几日出院的猫咪是住院的猫咪中最乖的，在住院期间也和其他猫咪相处得很好。但是，它出院时看到主人的喜悦的瞬间也和平常完全不同。

建议主人每天都去看望猫咪。可以将其抱出笼子，抱抱它，抚摸它。

猫咪生病时很脆弱，尤其需要和主人多多接触。为此，我建议缩短住院时间，尽量在自家疗养。虽然主人注意的事项变多了，但这对于猫咪来说是最幸福的事。

手术、住院的标准
- （公猫）绝育手术 ……………………………………… 当天出院
- （母猫）绝育手术 ……………………………………… 住院一晚
- 交通事故造成的受伤、骨折、椎间盘突出、
肿瘤摘除、肠道切开手术 ……………… 需要持续观察，住院几日

248 有让猫咪顺利吃药片的方法吗?

药片可能会卡在喉咙处,
让猫咪吞服片剂时请和水一同送服。

医院开出的处方药会有片剂和液体等不同形态。但能够确定的是,让猫咪吃药真是太难了!将药物混在食物中,猫咪立即就能发现食物的味道不对劲,拒绝进食。最终,只能强行喂药或是使用药物零食(将药物混在其中)。

最近出现了很多带有味道的药物,但我的医院中会开具没有味道的药物,或是将苦的药物混在虾、小鱼干、鸡肉、牛肉等猫咪喜欢的食物中。连我们闻到这些药物时都想流口水。

再次强调,给猫咪喂食片剂时要和水一同送服。可以选择以下两种方法中的一种。

(1)和食物一同投喂。

(2)单独喂片剂的情况下,猫咪吞食后再让其摄入5~6毫升的水。

单独喂片剂时,很容易卡在食管。因为猫咪的喉咙只有大约一半的地方有括约肌,吞咽不太顺畅。

驱虫药和抗生素尤其容易卡在食管,会慢慢渗透出来,给猫咪带来危险。

249 药片和水一同送服有什么诀窍吗?

从嘴部侧面插入针筒,分几次注入口中。

想将药片和水一同送服时,可以使用针筒。

针筒可以在市面上买到,但只要向宠物医院咨询,基本都会免费获得容量为 10 毫升的小型针筒。这种针筒可以装入 6 毫升的水。

将猫咪的面部朝上,从嘴的侧面插入针筒,少量注射 5~6 次,猫就会咽下去。

如果是药片不苦,可以用少量的水化开,这样药片就不会卡在喉咙里。

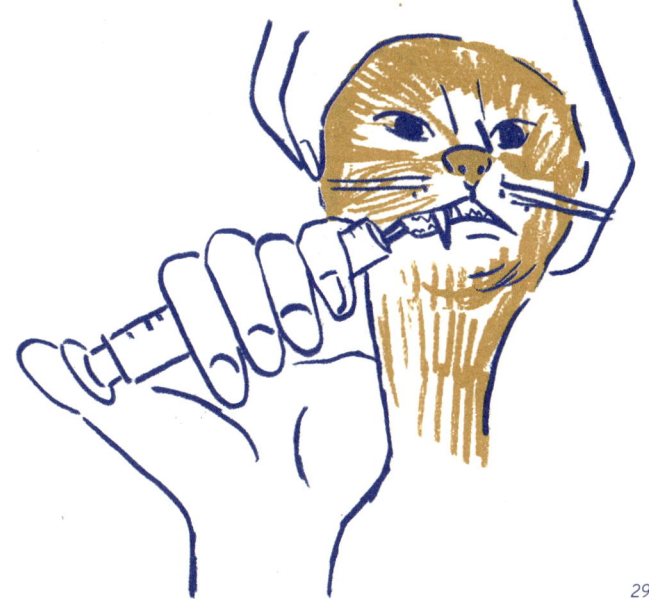

250 真的有必要使用抗生素吗?

抗生素摄入过量反而会影响疗效。

抗生素能够杀除体内的有害细菌。

但是,人类摄入过量的抗生素会产生耐药性,导致耐药菌增加。

这在猫咪的世界里也是一样的。长期使用超出需求的抗生素,或是先喂一下抗生素,这种做法不值得推荐。兽医图一时方便的处方可能会导致耐药菌的增加。

正如前文提到的那样,让猫咪服用药物十分困难,一天投喂一次是比较轻松的。为此,最近有很多兽医会开出一天只投喂一次的喹诺酮类抗生素的处方。这种药物虽然使用范围很广且十分方便,但由此导致的耐药菌增加也很大的问题。

如今,第三代头孢类抗生素已经问世。只要注射一次,两周内会持续起效,十分方便,但也有可能会导致耐药菌增加,最终失效。

处理腹泻等病症时最好不使用抗生素,这是基本的原则。

抗生素药物多在绝育手术后作为处方药开出,但只要医生处置得当,就不必服用抗生素。

如果发生感染,则无可避免地要使用抗生素,主人也应该在获得抗生素处方后与宠物医生确认"这是针对什么病症的抗生素类药物"。

第 1 章

两大现代病——
肥胖和抑郁

现代猫也必须减肥吗？
猫看似任性，实则敏感？

Q&A 猫与肥胖

251 猫的平均体重是多少?

理想体重是 3～5 千克,超重 15% 便是肥胖。

猫咪的发育期为出生后 6～12 个月。因此,1 岁时的体重是合适的体重(针对标准体型而言。偏瘦的猫需要将体重乘以 1.2 倍),尽量保持这个体重就是在维系猫咪的健康。

顺带一提,猫的体重因品种和体型的不同而具有个体差异,不能一概而论,但是成年猫咪的理想体重为 3～5 千克(西伯利亚猫等体型较大的品种的理想体重为 8 千克)。超出标准体重 15%～20% 基本便可认定为肥胖。

稍微丰满一些的猫咪看起来圆滚滚的十分可爱,主人很难对此产生危机意识。但是,猫咪和人类一样,肥胖会导致糖尿病、脂肪肝、癌症、关节痛、泌尿器官疾病(膀胱炎、尿道闭塞、尿管结石等),也会引发皮肤问题。

为了一直和猫咪一同生活,主人应该认识到"肥胖是万病之源"。如果猫咪有些肥胖,要积极减重。

252 过度肥胖的猫会生病吗?

有些疾病只要摆脱肥胖便能够治愈。

通过减肥,有些猫咪的身体状况会得到巨大的改善。某只猫咪的体重从10千克减轻到7千克后,之前反复发作的膀胱炎不再复发了。通过诊断,我们发现其泌尿器官疾病的症状会因减重而得到缓解。

20世纪80年代,我在美国留学,在当地看到很多肥胖的猫咪,不由感叹"美国连猫咪都很胖啊"。当时,美国人的肥胖问题在日本也引发了关注,并且美国人当时是完全室内饲养猫咪。

近年,日本人也逐渐开始在室内饲养猫咪,肥胖的猫咪也愈发常见。在室内饲养猫咪是导致猫咪的运动量减少的原因之一。

253 我家的猫咪是瘦还是胖?

**主人不需要具备专业知识,
用手便能够评估猫咪的体型。**

通过身体状况评分(Body Condition Score)这种方法,主人能够评估猫咪是偏瘦还是偏胖。但是,其实只要用手便能够评估猫咪的体型是否正常。接下来,给大家介绍一下具体的评估方法。

(1)触摸猫咪的肋骨。
(2)将(1)的触感和自己的手做比较。

- **和手背的触感相同**
  不胖不瘦。手背让人感觉有一点骨感。有这种触感说明是理想的体型。
- **将手握成拳状,和前方骨节处的触感相同**
  能够摸到骨头吧?如果和这种触感相同的话,说明猫咪有些偏瘦了。
- **和手掌的触感相同,或是比手掌还柔软**
  偏胖。手掌十分柔软,也就意味着猫咪有些肥胖。

这种方法因主人的手的差异多少会存在一些误差,但不需要数据表,只要有手便随时随地都能够检查。请养成每天检查的习惯。

 猫与肥胖

 **254 猫长胖后似乎肤质变差了?**

**身体的表面积增加,血管会随之延长,
心脏的负担也会增加。**

接下来,为大家介绍一下肥胖和皮肤问题的关系。

猫咪坐下的时候,直接接触地面的部分很容易变热。这是因为猫咪有皮毛。肥胖的猫咪接触地面的面积大,患有皮肤炎症的风险也会更高。人类松弛的腹部或皮肤褶皱处往往会出现皮疹和瘙痒。猫也一样。

接下来给大家介绍一下狗的体重和皮肤问题。狗的体脂每增加 1 千克,其为了供养这部分体脂的毛细血管便会延长 4 千米。虽然尚未有猫咪的相关数据,但基本可以推断在猫咪身上也差不多。

延长的血管也会给心脏带来负担,大大增加患病的风险。

Q&A 猫与肥胖

255 让猫减肥的方法有哪些?

首先从饮食开始。严格控制进食量，少食多餐是减肥的捷径。

很多肥胖猫咪的主人会根据猫咪目前的体重喂食。正确的做法应该是根据猫咪正常的体重喂食，比如正常体重为 3 千克，便投喂 3 千克的猫咪应该吃的猫粮。

不能一次投喂全天的食物，应该分次定时投喂，这样方能帮助猫咪减重。一次性投喂全天吃的猫粮，如果猫咪吃不完的话便会留在碗中，这会导致猫粮的味道受损，猫咪吃到中途便不想继续进食，转而开始寻找其他的食物。如果这时给猫咪其他的食物，便无法估算一天的进食量，自然也会导致进食量的增加。

有些猫咪会一口气吃完一整天的猫粮，然后继续催促主人投喂。

如果一天分数次投喂猫粮也无法减重，首先应该在第一个月将喂食总量减少 10%。即便这样体重仍旧无法减轻，则再减少 10%。通过这种方法，基本可以改善猫咪的肥胖问题。

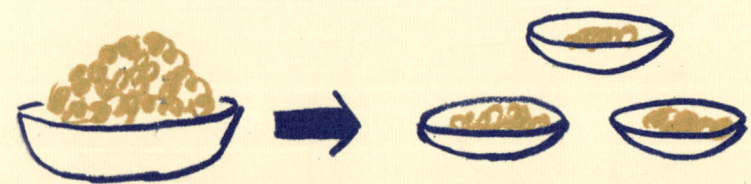

256 猫在哪个季节容易减肥?

从基础代谢来看,冬天更容易。

发现猫咪有些肥胖时,就是开始减肥的时候,但从基础代谢来看,有的季节更适合猫咪减肥。

最适合减肥的季节就是冬季。在冬季,猫咪为了对抗寒冷、保持体温,需要大量能量,基础代谢自然会提升。代谢快则适合减肥,这点和人类相同。温暖的季节不需要大量的能量,因此很难看到减肥的成效。

257 在猫咪减肥期间可以喂零食吗?

减肥期间的最佳零食是水果和蔬菜。

"每个月的食量减少10%,体重却增加了",体重无法减轻的原因主要是喂食猫粮的量虽然减少了,却仍在投喂零食。减肥时很重要的一点是"连同零食在内的总进食量减少10%"。

此外,有时家人会偷偷地投喂猫咪。给猫咪减肥需要全家人的配合。

投喂零食时,应将热量控制在全天摄入量的10%(想象一下换成猫粮)。

对于人类来说不高的热量对于猫咪来说却很高,这点要格外注意。例如,30克奶酪的热量就能达到一只猫(重5千克)一天摄入的热量的三分之一,1片火腿的热量则是其一天摄入热量的五分之一。

接下来向大家介绍一下低热量的零食。

- **牛肉、鸡肉**
  低脂肪的部位。有些人可能会认为"肉是零食吗?"对比能够综合摄取营养的综合营养猫粮来说,肉只是零食。
- **苹果、香蕉、胡萝卜、黄瓜、芹菜**
  为了方便进食,可以切成片状。

对于在意口感的猫咪,主人可以使用干燥器将食物进行脱水后投喂。猫咪减肥失败几乎都是主人的问题。即便猫咪乞求喂食,主人也要意志坚定。

258 这样的减重进度理想吗?

第一周减重 1%～2%，
1 个月减重 4%～8%，这样的进度最为理想。

减肥过激是很危险的。这会导致猫咪的免疫力下降，容易患病，肌肉减少，基础代谢下降。

应该像下方所示的那样逐渐减轻体重。

- **开始～1 周**
  减重 1%～2%
- **1 周～1 个月**
  减重 4%～8%
- **随后**
  每个月减重 4%～8%

虽然很想立刻看到减肥的效果，但还是要循序渐进。对于猫来说，100 克的体重相当于人类（体重为 60 千克）的 1.2～2 千克。人类减少 2 千克体重就会觉得"太好了！我瘦了！"

请不要过激地为猫减肥。

Q&A 猫与肥胖

259 减肥中的猫不爱吃东西了怎么办?

肥胖猫咪食欲不振有可能是因为脂肪肝。

有些主人会选择市面上出售的减肥猫粮。给猫投喂时,可以先添加 20% 的减肥猫粮,然后逐渐将比例调整至 40%,循序渐进,用大约两周的时间替换成减肥猫粮。突然改变饮食会导致猫咪食欲不振。

对于肥胖的猫咪而言,食欲不振的时间过长会患上"脂肪肝"。这是肝脏堆积了过量的脂肪导致的,有时会出现性命危险。

虽然没有必要让猫咪过度进食,但是如果猫咪拒绝进食,可以稍微投喂一些猫咪喜欢的零食,尽量满足其需求。过量摄入虽然不好,但对环境很敏感的猫很容易食欲不振。"不吃饭"也会产生一定的风险。

让猫咪进食的精心准备
- 加热食物,使之散发香气
- 添加鸡肉和蛤蜊的汤汁,增加风味
- 添加鲣鱼干和小沙丁鱼干粉当浇头
- 经常清洗食盆和水碗,改变食器的种类和形状

Q&A
猫与肥胖

260 猫多久不进食会有危险?

平常食量很大的猫咪一天不进食,主人就要重视了。

正常体型的猫咪一两天不进食没有关系,只要第二天正常进食便没有问题,但是,平常认真吃饭的猫咪只要一天不进食,主人就要重视了。

如果猫咪食欲不振,可能需要强行喂食。将食物(猫粮或自制猫饭)打成糊状,涂抹于猫咪的上嘴唇或舌头处,让其舔舐。

如果猫咪进食正常,只是某天的饮水量很少,无须担心。但是,如果猫咪只是喝水的话则十分危险。

气温上升、天气变热时,食欲不振的猫咪会变多,但经过医生诊断后会发现没有问题,甚至其中有的猫咪体重还增加了。即便食欲减退,夏天代谢的能量减少,也很难体现在体重上。因此,猫咪的食欲不振很难被发现,这点需要格外注意。

261 猫也会抑郁吗?

主人和同居猫咪的离开会导致猫咪失去活力。

最近几年,猫咪被发现也会有类似抑郁的症状。关系很好的同居猫去世,或是主人及十分关爱自己的人去世后,猫咪因空虚导致抑郁,这样的情况时有发生。

在一起的时间越长,抑郁的可能性越大,所以这种病在8~10岁以上的猫咪身上更常见。虽然猫咪喜欢单独行动,但对于变化十分敏感。它们十分明白熟悉的猫或人的存在。

几乎所有的猫在抑郁时都会食欲不振,通常会持续1~2个月。看起来也十分没有精神,还会频繁叫唤。

这时,应该尽量保持之前的居住环境,像从前的主人一样和它一同玩耍;如果是同居猫离开了,主人可以代替同居猫和猫咪一起玩耍。

关键是要抚慰猫咪不愉快的情绪。如果症状持续数日,食欲进一步减退,则应该向医生咨询。

Q&A 猫与抑郁

262 猫为什么不开心?

猫咪经常一动不动,可能是抑郁、认知障碍、疼痛的信号,主人要留意细微变化。

集齐了容易引发抑郁的条件,且失去了原本的活力,主人有可能会误以为猫抑郁了。

在房间的角落一动不动,眯起眼睛、低下头、拱起后背,这时,猫咪可能是在忍受极大的疼痛。

散养的猫咪即便没有遭遇重大事故,也有可能因和汽车、自行车相撞而受伤。猫的皮毛会阻碍伤情的发现,有时也有可能是内出血。

无论哪种情况,关注猫咪是否有精神是和猫咪共同生活时的一件重要的事。

Q&A 猫与抑郁

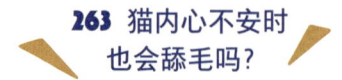
263 猫内心不安时也会舔毛吗?

舔毛可以安神,有时猫咪为了
安抚自己的情绪会一直不停地舔毛。

你是否有时会大声呵斥恶作剧的猫咪?

这时可以观察猫咪的举动。它们会做出"也没什么大事"的样子,开始舔毛。

这是"转移行为"。不只人类,动物在感到压力、内心不安时也会想要安抚自己的情绪,做出和事件毫无关系的举动。人类因失败而感到羞耻时会挠头,害羞的孩子会踢地面……而猫咪则会舔毛。

例如,猫咪遭遇在地板上跌倒等失败时,会开始舔毛。

顺带一提,狗有叫作"安定信号"的行为,例如在散步途中突然遇到人时,为了让自己安静下来会打哈欠。

或许对于猫咪来说,舔毛就是一种类似的"安定信号"。

264 猫会将毛舔秃吗？

发现左右对称的毛发稀疏的部位时需警惕，这可能是因压力导致的过度舔毛行为造成的。

猫长期处于压力状态下会过度舔毛，甚至会将毛舔秃。这就是"过度舔毛"（舔舐性皮炎）。

猫咪的舌头有倒刺，如果一直舔舐某个身体部位会发生什么？不只毛发会变得稀疏，还会露出皮肤，看起来就好像秃了一样。

此外，如果持续舔毛，皮肤会破损、出血，从而引发炎症。严重时甚至会舔到看见骨头。

如果感到猫咪的毛发变得稀疏了，请立即前往宠物医院。

腹部、腿部等处尤其可能出现左右对称的毛发稀疏处。

猫咪的压力主要是环境变化引起的，切断压力的源头是最佳的做法，但也可以使用让猫咪镇静下来的猫信息素。

第8章

猫社会也迎来了老龄化

想了解高龄猫的心情吗?
如何照顾猫?

Q&A 猫与老龄化

265 长寿的猫有什么特征?

家猫的生长速度是人类的 5～6 倍。
在不同环境下，可能会有 30 岁的差距。

猫咪的生长速度比人类快很多，时间流逝速度是人类的 5～6 倍。尽管存在一些个体差异，但猫的 1 岁相当于人类的 15 岁；1 岁半相当于 20 岁；2 岁相当于 24 岁，此后每长 1 岁可以换算成人类的 4 岁。

但是，这是针对完全室内饲养、能够受到定期护理的猫咪而言。流浪猫的年龄换为人类岁数时，是每年增长 8 岁。同样是 10 岁的猫咪，家猫相当于人类的 56 岁，而流浪猫则相当于 88 岁，有着 30 岁以上的差距。这是生活环境过于残酷导致的衰老。猫咪的寿命会受到环境的影响。

本书将 8～10 岁视为猫咪的中年期，11 岁（相当于人类的 60 岁）以上视为老年期，请根据猫咪的年龄给予相应的照顾。

在一项对长寿猫咪的主人发起的调查中，我们发现长寿猫咪的主人有 7 个共同点。

读过之后，有些人可能认为十分平常，但是如何践行才是最重要的。请一定参考这些要点照顾猫咪。

长寿猫咪主人的 7 个共同点

(1) 提供营养均衡的食物。
(2) 每天和猫咪玩耍,让其运动。
(3) 尽量每天刷牙。
(4) 时常检查猫咪粪便、尿液的颜色和量的变化。
(5) 经常测量体重。
(6) 每天给猫咪梳毛,和它们说话。
(7) 每天触摸猫咪、抚摸猫咪,经常检查猫咪的身体状况。

266 为什么猫的寿命会变长?

**猫咪的寿命变长不只因为医疗的进步,
更是因为主人们的努力。**

猫咪寿命变长的部分原因是医疗的进步。但是,更主要的原因有以下几个:(1)室内饲养的推进;(2)猫粮品质的大幅提升;(3)猫主人关于健康监测和口腔护理的知识和意愿有了大幅提升。最前沿的医疗技术的进步和癌症治疗手段的增加使猫咪更长寿,主人的努力也延长了猫咪们的寿命。

从我30多年的行业经验来看,有活力的猫咪即便到了生命的最后一刻也十分活泼、健康,饮食也很正常。这就是人们所说的"去世之前还充满活力"的猫啊。

从人类的角度来说,就是"从容地生,痛快地死",没有遭受患病的痛苦,最后痛快地离世,这种状态对于猫咪来说也很理想。

猫与老龄化

267 世界上最长寿的猫活了多少岁?

**38 年零 3 天！共同生活的时间变多了，
请给猫咪一个幸福的晚年。**

本书将 11 岁以上的猫咪（人类的 60 岁）定义为高龄猫咪。

大家知道世界上最长寿的猫咪吗？美国得克萨斯州有一只名为"奶油泡芙"的雌性猫咪，出生于 1967 年 8 月 3 日，去世于 2005 年 8 月 6 日，是一只活了 38 岁零 3 天的长寿猫咪（吉尼斯世界纪录 2013 年记载）。

随着猫咪寿命的延长，和主人一起生活的时间也变多了，思考怎样给猫咪一个幸福的晚年是主人的责任。

主人并不需要提供特殊的护理，营造舒适的室内环境、提供恰当的饮食、保持猫咪口腔内部的清洁，才是最重要的。这些虽然是非常基础的事，却能很好地维持猫咪的健康。

268 猫嘴附近夹杂了白色的毛是怎么回事?

即便行动很灵敏的猫咪,脸部也会悄悄出现衰老的信号。

如果仔细观察高龄猫咪的面部,就能够发现它们从鼻子到嘴部周围交错长着一些白毛……这时,大家会想起迄今为止一起生活的时光,从心底涌出"接下来也想一起生活"的想法吧!

通过一只猫的眼睛可以大致判断出它的年龄,肌肉的萎缩会导致眼球凹陷,眼睑陷入眼睛内侧。这被称为"眼睑内翻"。

出现这种状况,眼睑的毛发有可能会损伤角膜,需要注意。

如果高龄猫咪眼睛疼痛,开始流眼泪,则需要检查是否是"眼睑内翻"。用食指和大拇指慢慢撑开上下眼睑,检查皮肤(带毛的部分)是否接触眼球。

Q&A
猫与老龄化

269 从何处能够看出猫开始衰老？

随着年龄的增长，很难磨到大拇指的爪子了。

在猫咪的世界里，也有比起实际年龄看起来更年轻或行动更敏捷的猫咪。但是，即便是这样的猫咪，在其身体的某个部位也会出现衰老的信号。

仔细观察猫咪的指甲，可以发现大拇指指甲的生长方向和其他的指甲不同，也可以发现大拇指的指甲较硬。因此，猫咪想要靠自身力量磨大拇指的指甲则需要花费很大力气。随着年龄的增长，猫咪的肌肉会逐渐萎缩，即便做出磨爪的动作，其实也并没有很顺利地磨到。

经常会有因长长的指甲扎到肉垫导致化脓的猫咪来到医院就诊。

除此之外，如果发现下列的某个症状，则证明猫咪已经开始衰老。

主要的衰老症状
- 牙结石增多，牙齿的数量减少
- 很少舔毛，皮毛失去光泽（这是因为到了睡眠时间变长，疏于护理的年龄）
- 不再爬上高处（肌肉萎缩，很难蹦跳，关节疼痛）

Q&A 猫与老龄化

270 主人能为高龄猫咪做些什么事？

随着年龄的增长，猫的行动能力会发生变化。
应该为高龄猫咪进行微装修。

要不要尝试为高龄的猫咪进行微装修？装修听起来是一项大工程，但其实只需要稍微做出一些调整。请大家一定要尝试。

- **设置"观景台"**
  眺望窗外的景色能够刺激猫的大脑。"观景台"最好设置在能够看到人、车辆、动物经过的地方。
- **增加台阶**
  由于高龄猫咪很难跳上高处，可以在有高低差的地方设置台阶。比如猫咪喜欢书架上方，可以在到达书架上方的途经之处放置不同线路的箱子，为猫咪提供落脚点。
- **研究猫厕所的高低差**
  在猫厕所附近排泄或是无法顺利如厕，有可能是高龄猫咪无法抬脚、很难跨越猫厕所台阶的缘故。为了减少这种高低差，可以在猫厕所旁边放置小型的落脚处，制造台阶。

Q&A 猫与老龄化

271 高龄猫的饮食有哪些注意事项?

尽量不要为高龄猫选择让其脖子上下活动的食碗。

高龄猫的主人经常会认为"迄今为止没有好好喂过它零食,已经到了这把年纪,想让它吃一些喜欢的食物",因此开始投喂液体猫零食等食物。这种做法没有任何问题。请大家尽量投喂高龄猫咪喜欢的食物。随着年龄增长,猫咪的食欲会下降,进食是十分重要的事。

在食物中添加一些零食,或是稍微加热一下食物,可以刺激猫咪的食欲;此外,更换食碗也是一个刺激食欲的方法。

猫咪步入老年后,很难应对高低差,因此要尽量选择不会让猫咪的脖子上下活动的食碗。仍旧能够站立进食的猫咪,主人可以为其选择有一定高度的食碗,只能够坐下进食的猫咪,主人则要尽量选择没有高度的食碗。要根据猫咪的行动能力来选择餐具。

猫与老龄化

272 猫会一直卧床不起吗?

每天活动一次猫咪的身体,让其保持原本的"猫咪的姿势",唤醒身体功能。

步入老年后,有些猫咪很难靠自己的力量站起来,主人可以每天帮助猫咪活动一次身体。用手支撑猫咪的躯体,逐渐帮其将身体和头部维持平行于地面的状态(如果猫咪失去了活力),这样做能够帮助猫咪唤醒身体功能。

如果猫咪处于卧床不起的状态,其大脑或肺部等脏器会偏向身体的一侧。如果仰卧,则脏器可能会向后背倾斜。

通过活动猫咪的身体,能够使已经偏移的大脑和肺部回到原本的位置,唤醒猫咪的身体功能。

猫与老龄化

273 猫出现褥疮了怎么办？

可以用蜂蜜或砂糖制作对褥疮有效的药膏。

如果猫咪趴着的时间变长，会和人类一样出现褥疮。

特别是身体的一侧着地时，骨头突出的部分会磨破皮肤，出现磨损。脸颊、肩胛、肘部、髋骨都是需要格外注意的部位。

如果猫咪的皮肤上已经出现破洞，主人需要每隔4小时为其翻一次身，并在患处涂抹蜂蜜或砂糖，再包上纱布，尽早治疗。

对此有人可能会感到震惊，但蜂蜜和砂糖确实能够改善皮肤问题。砂糖能够吸收水分，淋巴液聚集的患处的肉会隆起。烫伤后在患处涂抹砂糖，并用保鲜膜包裹起来，基本可以治愈。

如果感觉蜂蜜会流淌，可以在蜂蜜中加入砂糖，得到稍微凝固些的膏状物体，然后再将其涂抹于患处。还是担心的话，可以向宠物医生咨询。

Q&A
猫与老龄化

274 猫也会患认知障碍吗?

即便和从前的行动相同,13 岁后患有认知障碍的风险也会增加。

猫咪和人类相同,步入老年后,患认知障碍的概率会有所增加。如果发现 13 岁以上的猫有以下行为,则需要怀疑是否患上认知障碍。数字越小,患病的可能性越大。

(1) 容易发怒。
(2) 索取食物和水时叫声凄厉。
(3) 任性。
(4) 无法顺利如厕。
(5) 对主人的呼唤反应迟钝(不会看过来,也不会抬头)。
(6) 经常身处狭窄之处,夜晚会一直看向一处。
(7) 发出异常大的叫声,半夜也会叫唤。
(8) 在房间的角落或家具之间不动。
(9) 在房间中漫无目的地徘徊。

275 是否有治疗猫认知障碍的方法?

给猫咪大脑新的刺激十分重要！能够做的事有很多。

很遗憾，目前仍旧没有能够治疗猫咪认知障碍的方法。我们能够做的就是尽量消除猫咪精神上的不安。这时可以考虑使用费利威或木天蓼。

平常尽量多和猫咪说话、玩耍，给猫咪的大脑带去一些刺激。按摩和梳毛也是有效手段。

此外，防止猫咪卧床不起也十分重要。认知障碍会随着卧床时长的增加而变得越发严重。

尤其是在寒冷的季节，高龄猫咪很容易出现大脑的血液流通问题，患上认知障碍的概率会增加，由缺乏运动导致的血液循环不畅也会加剧。

此外，大脑肿瘤和萎缩及甲状腺功能亢进也会让猫出现和认知障碍相同的症状。

有关认知障碍有诸多的成因和解决对策。希望大家不要过度焦虑、过度悲观。和猫咪相处时应该保持平稳的心态。

第 9 章

猫的品质生活

对猫来说,严重的事是什么?
什么是最好的治疗?

276 猫易患的疾病有哪些？

**如今每两只猫中就有一只患有癌症，
主人需要考虑治疗立场。**

随着猫咪越来越长寿，患有癌症的猫咪逐渐增多。近年来，几乎每两只猫咪之中就会有一只罹患癌症，已经进入主人必须考虑治疗立场的时代。

猫咪的癌症主要有以下三种类型。人类多发的胃癌及直肠癌在猫咪身上并不多见。

- 乳腺癌（乳腺肿瘤）
- 皮肤癌
- 淋巴癌（肿瘤性增殖疾病）

癌症并不意味着无法手术。此外也可以使用抗癌剂或进行放射性治疗。早期发现、治疗能够延长猫咪的寿命，也有没有手术但长寿的猫咪。

无论何种癌症，基本都会在初始阶段发现硬块。经常抚摸猫咪十分重要。

**家猫容易罹患的 3 类疾病
和治疗方法**

- **癌症**

  癌症的类型和进展阶段比较固定。首先应询问根治率。如果每周坚持治疗也只能延续 1 个月的寿命，或许不治疗对猫咪才是最好的。与此相对，某些皮肤肿瘤当天出院的手术就能治愈。可以听取其他专业人士的意见。

- **慢性肾脏疾病**

  和癌症相同，患上此类疾病的猫咪大多生命只剩 1 年。慢性肾脏病有很多治疗方案，宠物医生可以和主人一同探讨，为猫咪治疗。

- **心脏疾病**

  例如肥大性心脏病等。有些猫咪不需要服用针对心脏病的药物，但到了晚期，心脏病开始频发，需要经常去医院治疗。

Q&A
猫的一生

277 不太想让猫吃药怎么办?

通过服用镇痛剂,有些猫咪能够维持和平时一样的生活。

虽然有些癌症进展比较缓慢,但肿瘤其实会不断生长,恶化的速度完全不同,如果饲养的猫咪罹患癌症,无须过度悲观。

有些癌症会让猫咪感到疼痛。从前曾发生过这样一件事:有位主人说自己的猫看起来很有食欲,不像身体疼痛。但我观察了猫咪的症状后,给出了使用镇痛剂的方案,服用后猫咪开始舔毛,在此之前,它已经很久没有舔毛了。其实它是因为疼痛而无法舔毛。

像这样的案例并不少见,这不由得让我感叹猫咪到底是忍受了何种程度的疼痛啊,并佩服起猫咪的忍耐力。有些主人或许会抗拒使用镇痛剂,但如果兽医推荐的话,不妨使用一次,可以对比服用前后猫咪行为的差异。

当然,服用药物也会带来痛苦,在向医生充分咨询后再做出决定也不迟。

278 让猫远离癌症的生活习惯有哪些?

为了让爱猫远离癌症,主人可以做这七件事。

帮助猫咪远离癌症的方法几乎和人类相同。总结起来主要有以下七点。

- 每天让猫咪运动
- 避免猫咪过度肥胖
- 注意房间内的二手烟,让猫咪远离能够诱发癌症的化学性物质
- 避免长时间光照
- 每月检查一次身体
- 每年进行两次体检
- 刷牙

虽然猫咪罹患癌症也有一定的遗传因素,但几乎都和环境因素密切相关。

主人的日常关怀能够守护猫咪的健康。

279 为什么猫的乳腺癌容易恶化?

猫咪的乳腺肿瘤的确容易恶变。

在各类恶性肿瘤中,猫咪最为多发的是乳腺癌。罹患这种癌症的基本都是雌性猫咪,偶尔也会有雄性猫咪患病。

乳腺癌多发生在这两类猫咪身上:(1)高龄(10~12岁);(2)没有进行过绝育手术。但是,猫咪的乳腺肿瘤发现时就已是恶性的可能性非常大,恶性的概率高达70%~90%(狗为50%)。

例如,假设肿瘤可以通过10个阶段来评定(其实并没有这种阶段性评定标准),1几乎可以确定为良性肿瘤,10则几乎可以确定为恶性肿瘤,猫咪的乳腺肿瘤可以视为9或10的恶性肿瘤。为此,治疗的基础是在早期阶段进行大范围的清除手术(两侧全摘除及淋巴结切除,至少也是单侧乳腺摘除及淋巴结摘除)。

如果在猫咪身上发现硬块,即便是很小的硬块,也要尽早去医院进行检查。

280 发现小型硬块后，是否应该先观察状态？

如果硬块变大，病情进展会很迅速，尽早发现是关键。

假如在猫咪的身体上发现米粒大小的硬块，也许有人会觉得"幸好硬块很小"。但是，猫咪和人类的身体大小是有差异的，即便是很小的硬块，对于猫咪来说也非常危险。

肿瘤发展为直径1厘米的大小，需要进行32次分裂，但是直径1厘米的肿瘤扩散到全身，则只需要9次分裂就可以完成。这意味着硬块发展为能够用手确认的状态时病情已经很严重了。因此，早期发现，尽早治疗是十分重要的。

在我的医院中推行的很少见的治疗方法之一就是淋巴细胞活化免疫疗法。这种疗法是从动物身上采血，然后分离并培养出淋巴细胞，两周后输回体内。

现今，我们将这种新式的疗法作为临床治疗手段施行。或许这种疗法在将来会大有前景。

281 何时才是最佳的手术时机?

**决定接受手术的话就要尽早治疗,
这样能够减轻猫咪的负担。**

或许有些猫主人在发现硬块时会认为"在猫咪身上动手术,猫咪会很可怜",从而不想接受手术。我个人很尊重主人的判断,也很理解主人的心情。但是,我们可以看一下如果将硬块放置不管会发生怎样的情况。

硬块逐渐会长到人类拳头般的大小。发展到这种程度,皮肤就会破裂,形成溃疡。

猫咪的身上开始出现孔洞,每天都会出血、化脓,令人不忍直视。

这时,有些主人会说:"还是接受手术吧。"但是,到了这个阶段,即便进行手术,猫咪的生命也无法维持1个月。

是否接受手术对于主人和猫咪来说都是重大的问题。但是,一定要尽早做出决断。我想向大家说明这一点。

Q&A
猫的一生

282 不知如何选择治疗方法时应该怎么办？

如果不知道是否应该接受治疗，应该选择对猫咪来说最好的方案。

"这样的话，猫咪的生命只剩 3 个月，手术的话则能够存活 6 个月。"

听到这样的消息，你会怎样做？

主人为了心爱的猫咪着想，会认为"想让猫咪尽可能做自己能做的事""当时明明能够做这样的事，但最后却没有做到"——如果不这样做的话，主人的内心就会一直留有这样的遗憾。

但是，我站在兽医的立场上想要对大家说的是，应该选择对于猫咪来说最佳的方案。我们必须要思考：如果猫咪能够自己做出判断的话，会做出怎样的选择。"癌症的判定医师""治疗的专家"——这类词汇会让人感受到医治的可能性。但是，我认为这些词不过是为了医学的发展，只考虑到将来的事。不断地向前发展，不一定称得上最好的治疗。

283 有不需要住院的治疗方案吗？

**以肾脏疾病的皮下点滴为例，
无压力的居家治疗也有很多种形式。**

猫咪三大疾病之一的慢性肾脏疾病，可以在兽医的指导下在家中治疗。

治疗这类疾病需要定期打点滴，猫咪的皮肤能够被轻易拉起，主人在家也能够进行"皮下注射"。这是将药液暂时性地储存在皮下的治疗方法，比静脉注射要简单，短时间内能够注射大量的药液。通过这种方法，能够增加猫咪体内循环的水分，促进需要排出的物质的新陈代谢。

如此可以避免频繁进出医院，也能减轻猫咪的负担。并且，在舒适的家中治疗也能够提升猫咪的生活质量。如果有想尝试这种方法的主人，可以向兽医咨询。

284 猫被医生宣告无法医治时应该怎么办?

拯救生命的方法有很多种,大家要提前考虑发生风险时的应对方案。

在得知猫咪剩余的时间很短暂时,很多主人会想听取其他人的意见。这时,在互联网上搜索的话,会发现很多手术、抗癌剂等激进疗法的信息,并且,在宠物医生的推荐下,有很多人会接受这种治疗方案。

但是,到了生命的末期,使用抗癌剂反而会对猫造成不良影响,在接受治疗时应该咨询根治率之后再做出判断。

为了避免猫咪遭受痛苦,希望大家能够考虑保守治疗。曾经,有一位主人在我对猫咪做出患有淋巴肿瘤的诊断后,想要让猫咪接受安乐死。这是他出于"绝对不想让猫咪一直痛苦地活下去的"信念做出的决断。

在美国或英国等宠物医疗手段较为先进的国家,选择让宠物接受安乐死的主人也有所增加。

虽然从医学角度而言,有各类能够实施的高度医疗手段,但是主人应该在明知猫咪很痛苦的情况下坚持进行续命治疗吗?

在迫不得已的情况下,主人需要做出冷静的判断。现在能够做的准备只有一个,那就是要仔细思考在这种情况下应该做出怎样的判断。

285 对猫来说,什么才是幸福?

对猫咪而言,充满压力的生活比命不久矣更可怕。
最重要的是生活质量。

猫咪即便被告知罹患癌症也不会受到打击。为了治疗癌症而频繁进出医院,这对于猫咪来说才是极大的精神负担。虽然动物很讨厌疼痛和压力,但是对于所剩时间不多这件事却并不会感到恐惧。

因事故导致失去双腿的猫咪也能够有力地奔跑、玩耍。即便看不见,它们也能够充分调动嗅觉和听觉,毫无障碍地生活。动物的生命力真是十分强大啊。

如果猫咪的治疗不太顺利,主人可能会有"想要根治的话,需要进行手术"这种想法。但如果无法治愈,还一直接受痛苦的治疗或许会令猫咪更难以忍受。当然,有时候去除病灶后,猫咪会比之前更有活力。

为了和猫咪过上更加丰富多彩的生活,最重要的是保证猫咪的日常生活,提高它的生活质量。除了治疗之外,还要调整室内环境和交流方式,作为主人,必须时常为猫咪考虑这些事。

猫易患疾病一览

本章会以正文中无法详细介绍的内容为主,介绍猫易患疾病的主要症状和医院的治疗方法。

急性肾病 ｜ 细菌感染,或是百合、葱类等植物中毒

■ 主要病因和症状

细菌感染或重度脱水、尿路结石,或是因接触、食用百合或葱类导致。急性肾病会导致肾功能迅速下降,立刻失去生命。但是,只要找出病因并加以治疗,几天后便可好转。患有急性肾衰竭的猫会出现食欲低下、呕吐、尿量减少等症状,在观察状态的过程中,猫咪可能就会失去性命。如果发现异常,请立即送往宠物医院。

■ 宠物医院的治疗方法

如果是中毒导致的,给猫咪催吐、洗胃、注射点滴,加快代谢;如果是细菌感染引起的,则需使用抗生素;如果是尿路结石引发的,在去除结石后注射点滴进行缓解。

慢性肾病 ｜ 猫咪最易罹患的疾病

■ 主要病因和症状

各类原因导致的肾脏功能低下,慢性的话症状会一直持续。患有慢性肾病的猫会出现以下症状:(1)无法顺利排出体内废物,导致毒素堆积在体内;(2)体内无法储存水分导致多饮多尿;(3)尿液的颜色变淡。75%的肾脏已经出现功能性障碍时,症状才会变得明显,几乎所有病例都是发现时已经发展到较为严重的阶段。

■ 宠物医院的治疗方法

通过食用处方粮或服用药物,能够延缓病情,维持日常的生活。为了防止脱水,可以在家中进行皮下注射(参见第338页)。

尿路疾病 ｜ 年轻猫咪患病风险较高

■ 主要病因和症状

猫咪的尿道容易堵塞,患泌尿器官疾病的风险大约是狗的4倍。雄性猫咪的尿道尤其狭窄,甚至连细小的尿结晶也很容易堵塞尿道。膀胱炎、尿道堵塞、尿管结石等典型疾病的主要症状为尿液变浓。不只是炎热、容易脱水的夏季,在因寒冷而导致饮水量减少的冬季,猫咪也很容易患上下尿路疾病。下尿路疾病可能会导致急性肾衰竭,泌尿器官类疾病如果没有彻底治愈,则很可能发展为慢性肾病。这点尤其要注意。

■ 宠物医院的治疗方法

让猫咪摄入含有大量水分的食物,尽量让猫咪多摄取水分是关键。猫咪只要患过下尿路疾病,则一生都必须要摄取处方粮和水。如果是膀胱炎等疾病,则需要治疗炎症和出血,让猫咪充分补充水分。

心肌病 | 血栓堵塞血管导致的心脏停搏

主要病因和症状
心脏病是猫咪容易罹患的疾病。将血液送往全身并返回的泵血功能衰退,心脏出现血栓并堵塞血管,出现心脏停搏。特别常见的症状为两条后腿突然麻痹。心肌病和脱水也有一定关系,在炎热的季节较为多发。猫咪的心脏病很难被发现,因此10岁之后需要每年检查一次。

宠物医院的治疗方法
如果发现血栓,需要使用溶血栓的药物,或是通过外科手术去除。之后就是进行护理,使用针对心肌病的药物,并配合使用防止血栓形成的药物。

糖尿病 | 肥胖猫咪患病概率较高

主要病因和症状
胰岛素分泌减少,血糖值变高的疾病。糖尿病分为Ⅰ型和Ⅱ型,猫咪容易患有的是生活习惯导致的Ⅱ型,基本是暴食、运动不足、肥胖等原因导致。肥胖猫咪患有糖尿病的风险较高,因此日常的体重管理十分重要。早期糖尿病能够治愈,应3个月进行一次尿常规和血糖值检测。

宠物医院的治疗方法
主要为注射胰岛素,调整血糖值。特别是身体状况已经明显不佳的猫咪,需要24小时注射点滴调整血糖。主人能够在家中完成饮食管理、注射胰岛素、检查尿糖等护理。

甲状腺功能亢进 | 病因是甲状腺激素分泌过剩

主要病因和症状
甲状腺激素分泌过剩所导致的疾病。如果出现这些症状则要怀疑是否患有甲状腺功能亢进:(1)进食量大,但并不肥胖;(2)容易发怒;(3)高龄,但充满活力;(4)心跳加速,出现心衰的症状。因能量过度消耗,还可能导致高血压、腹泻、呕吐,皮毛也失去光泽。通过血液检测能够判断甲状腺的功能是否出现异常,特别是到了中年期(7岁以上)以后,应该每年检查一次。

宠物医院的治疗方法
使用能够抑制甲状腺激素分泌的药物,如果能在早期发现,在家中食用含碘量少的处方粮便可好转。如果硬块变大的话,则可能需要通过外科手术摘除。

脂肪肝 | 肥胖猫咪食欲不振

主要病因和症状
糖类和脂肪会通过肝脏代谢,但如果食欲不振、蛋白质摄取不足,就会导致代谢缓慢,脂肪堆积在肝脏处。严重时会陷入肝衰竭的状态。肥胖的猫咪尤其容易患脂肪肝,出现呕吐、黄疸等症状,严重时还会失去意识,并逐渐发展到死亡。

宠物医院的治疗方法
通过注射点滴或喂食高蛋白的流食为猫咪补充营养,刺激食欲。只要进行早期护理,就能够得到缓解。

图书在版编目（CIP）数据

如何养好一只猫/（日）藤井康一著；白白译.
福州：海峡书局，2025.3.--ISBN 978-7-5567-1291
-5

Ⅰ. S829.3

中国国家版本馆 CIP 数据核字第 20259UG473 号

GENEKI JUISHI GA NEKO NO HONNE KARA FUCHO NO GENIN MADE O KAISETSU!
IE NEKO TAIZEN 285
©Koichi Fujii 2020
First published in Japan in 2020 by KADOKAWA CORPORATION, Tokyo. Simplified Chinese translation rights arranged with KADOKAWA CORPORATION, Tokyo through BARDON-CHINESE MEDIA AGENCY.

著作权合同登记号　图字：13-2024-062

著　　者：藤井康一	出 版 人：林前汐
译　　者：白　白	选题策划：后浪出版公司
出版统筹：吴兴元	编辑统筹：王　頔
责任编辑：廖飞琴　俞晓佳	特约编辑：余椹婷
封面设计：柒拾叁号	营销推广：ONEBOOK

RUHE YANGHAO YIZHIMAO

如何养好一只猫

出版发行	海峡书局
社　　址	福州市台江区白马中路15号
邮　　编	350004
印　　刷	嘉业印刷（天津）有限公司
开　　本	787 mm × 1092 mm　1/32
印　　张	10.75
字　　数	150千字
版　　次	2025年3月第1版
印　　次	2025年3月第1次印刷
书　　号	ISBN 978-7-5567-1291-5
定　　价	58.00元

读者服务：reader@hinabook.com　188-1142-1266
投稿服务：onebook@hinabook.com　133-6631-2326
直销服务：buy@hinabook.com　133-6657-3072

后浪出版咨询(北京)有限责任公司　版权所有，侵权必究
投诉信箱：editor@hinabook.com　fawu@hinabook.com
未经许可，不得以任何方式复制或者抄袭本书部分或全部内容
本书若有印装质量问题，请与本公司联系调换，电话010-64072833